藤井 旭

宇宙のしくみ

星空が語る

目　次

はじめに

今や日本人宇宙飛行士の宇宙への旅立ちなど、少しも珍しくはなく、宇宙飛行士たちが常駐する国際宇宙ステーションはすでに実現、さらに月面基地の建設や火星旅行の日程などが現実的に語られる時代にたち至っている。そして、火星や木星、土星、小惑星などへ探査機が次々と送りこまれ、大気圏外に打ち上げられた巨大望遠鏡をはじめ、ハワイのマウナケア山頂のすばる望遠鏡、チリのアタカマ砂漠の電波望遠鏡などから、ハイテク技術を駆使した驚くべき観測結果が数多くもたらされている。そんな宇宙の最新情報は、テレビや新聞、インターネットなどで毎日のように伝えられ、実生活と何のかかわりもなさそうな宇宙のできごとが、心ときめく話題として日常的に人びとの口に語られるようにもなってきている。もはや宇宙とのかかわりあいなしでは過ごせない時代が到来しているというわけだ。

しかし、それでもなお関心がよせられるのは、「宇宙の果てはあるのだろうか…」「宇宙人はいるのだろうか…」などといった、誰もが抱く宇宙ロマンあふれる素朴な問いかけという点は変わりがない。そこで本書では、現代天文学が解き明かしつつある太陽系から宇宙の果てまでの話題を最新の映像や図解でやさしく紹介してみることにした。楽しみながら宇宙の全体像をつかんだうえで、星空を見あげてもらえば、自分自身が宇宙に存在することの不思議さに思いをめぐらせ、きらめく美しい星たちの輝きにつつまれてすごすひとときがどんなに幸せなことか、しみじみ感じ取っていただけるのではなかろうかと思い願ったからである。

藤井 旭

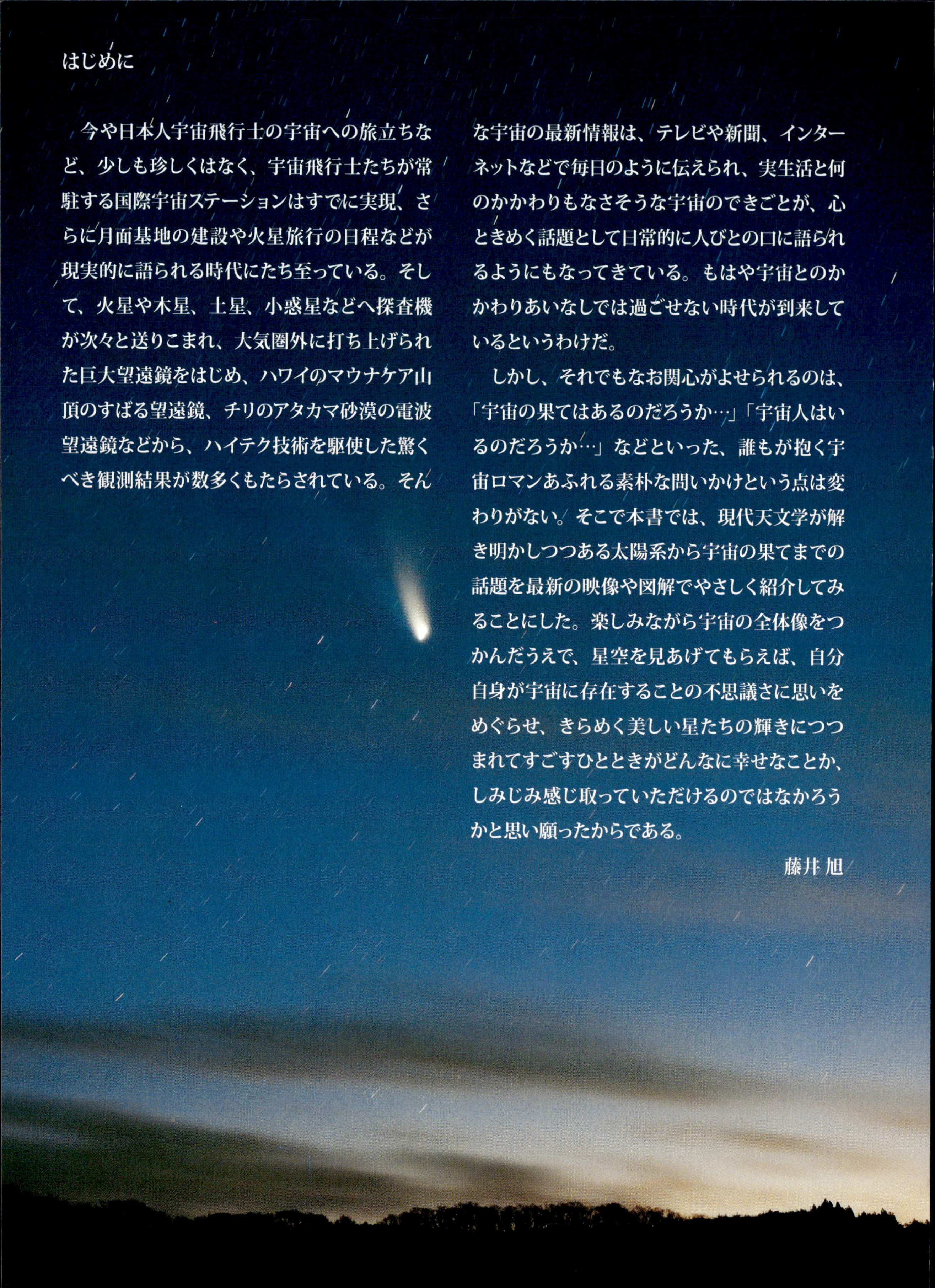

月と太陽のドラマ

月の満ち欠けと日食・月食の光景を楽しむ

●金環日食
太陽の前面を真っ黒な新月が通りすぎるようすを 5 分毎の多重露出でとらえたもの。ふだん見ることのできない“新月”の存在を実感できる不思議な瞬間である。

月と地球と人間と

昔の人間の生活にとって、月は欠かせない存在だった。暗い夜道では月の光が頼りであったし、1か月で満ち欠けを繰り返す月はカレンダーがわりにもなってくれた。実生活上ばかりでなく、月は詩や音楽、絵画など芸術のテーマとして、人びとの精神にも大きなやすらぎを与えてくれもした。そして、なにより、月は地球の自転を安定させ、その潮汐力で海水をかきまぜ、生命の誕生や進化の大きな手助けをしてくれた。月がなかったら、現在の我々は存在しなかったといっていいほどだ。地球の生命にとって、月ほど大切でかけがえのない天体はないというわけである。

❶

❷

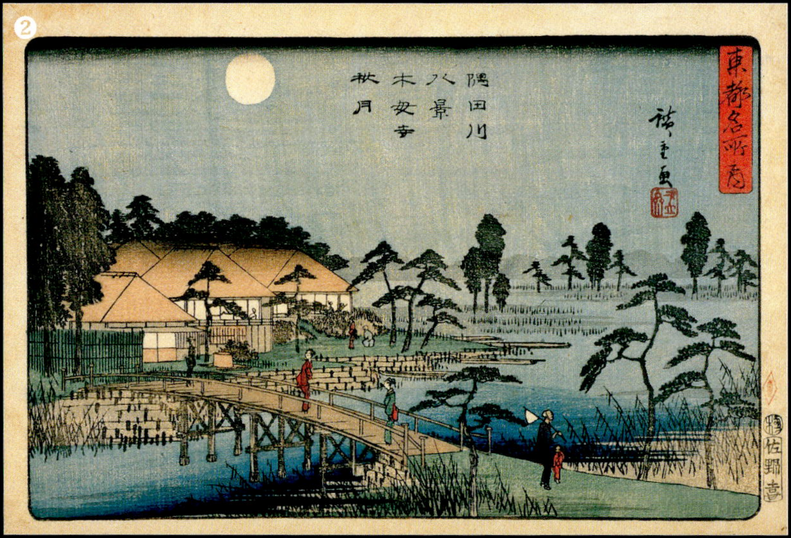

❶桜に月
四季それぞれの月の光は、人びとのこころにうるおいを与えてくれる。

❷木母寺秋月
江戸時代の浮世絵師、歌川広重が描いた江戸の隅田川八景木母寺にかかる秋の月を描いたもの。月は、物語や音楽、絵画など、さまざまなテーマとなってやすらぎをもたらしてくれる存在だ。

❸月から見た地球
月世界の真っ暗な空には、地球で見る満月の50倍以上の明るさの青い地球が、満月の4倍もの大きさの美しい姿で見えている。
❹地球と月
月の大きさは、地球のおよそ4分の1ほど。少し離れて見ると、青い地球と月が、まるで双子のように見えることだろう。惑星に対してこれだけの大きな比率をもつ衛星は他にない。
❺潮の満ち干
春のころ、楽しい潮干狩に出かけた経験をもつ方も多いことだろう。地球の海水が1日2回満ちたり引いたりするのは、月と太陽が海の水を引っぱりあうことによるもので、満月と新月のころは満ち干がとくに大きい「大潮」となり、上弦、下弦の半月のころは小さめの「小潮」となる。
❻月までの距離
およそ38万kmといわれても実感しにくいが、地球およそ30個分ほどといわれれば少しはわかりやすいかもしれない。月の軌道はまん丸ではないので地球からの距離は一定ではなく、ほんの少しながら、近づいたり遠ざかったりの違いはでてくる。

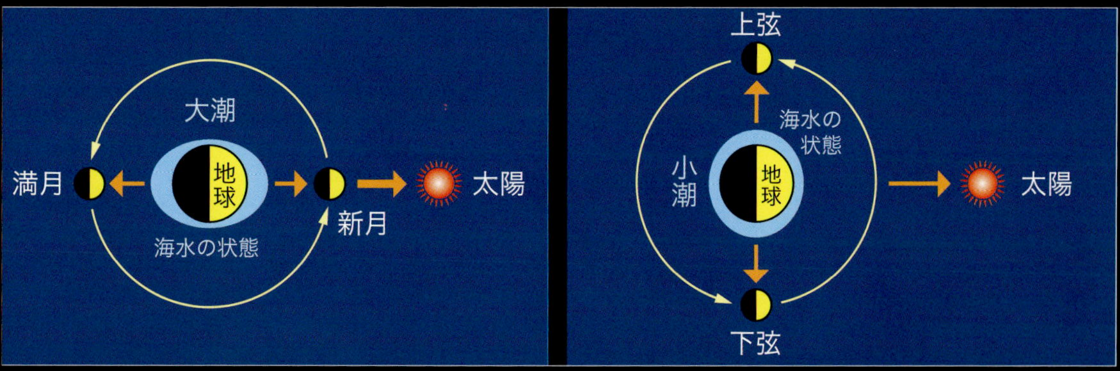

月の満ち欠け

月をながめていると、毎晩のように細い三日月、真半分の上弦の月、まん丸な満月などというように姿形を変えていくのがわかる。地球のまわりをおよそ1か月がかりでめぐる月の、太陽に照らされた明るい部分と影になった部分とのわりあいが変化することによって見える、月の満ち欠けの現象だ。昔の人びとは、この月の規則正しい形の変化の繰り返しによって、時の観念をつかむことになった。

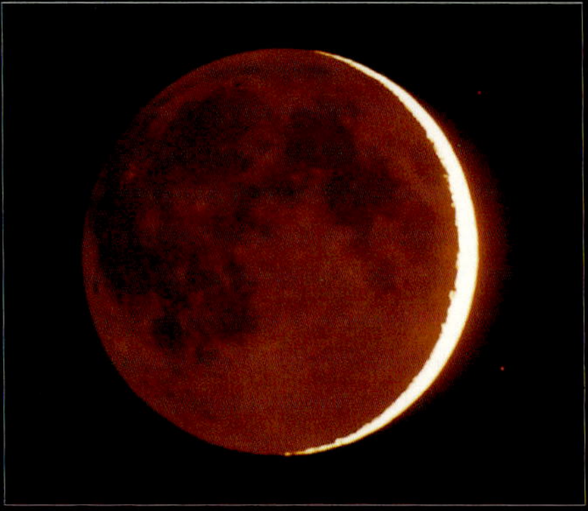
❶

❷

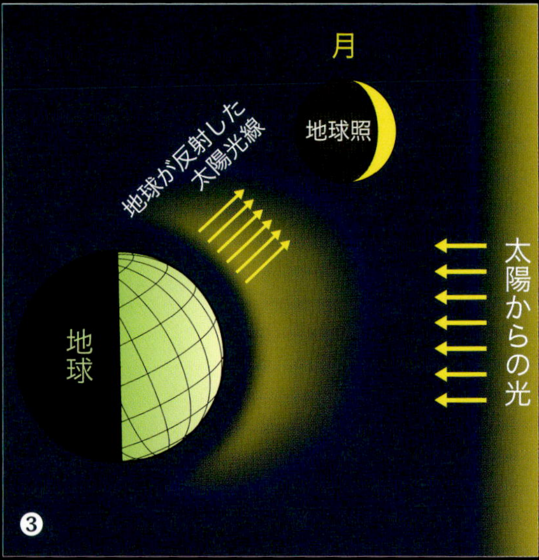

❸

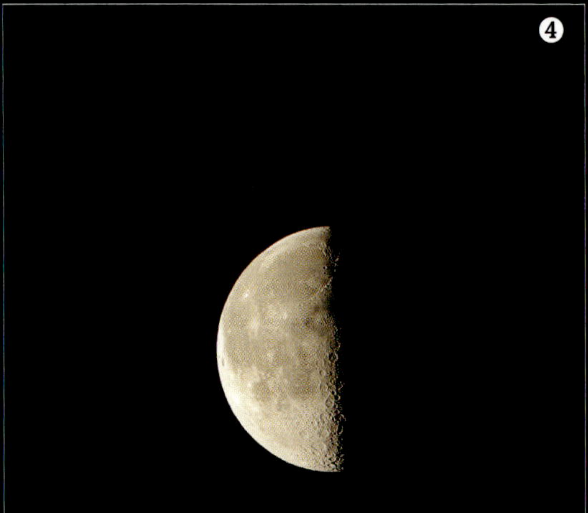
❹

❶三日月と地球照
太陽と同じ方向にいるため真っ黒で見えない「新月」から2〜3日過ぎると、夕空低く細い三日月が見えるようになる。その三日月に注目すると、暗い部分もごく淡くぼんやり見えるのに気づかされることだろう。昔の人びとが「新しい月に抱かれた古い月」とよんだ地球照とよばれる現象だ。

❷上弦の月
日暮れのころ南の空にかかる半月が上弦で、いわゆる旧暦の上旬のころかかる月なのでこうよばれる。これは双眼鏡で見た姿。

❸地球照が見えるわけ
地球が照り返した太陽光線が、月世界の夜の側を薄明るく浮かびあがらせているもので、地球の月明かりに相当するものだ。その理由を明らかにしたのは、あのレオナルド・ダ・ビンチだった。

❹下弦の月
夜半ごろ東の空から昇り、夜明けのころ南の空にかかる半月で、明るい側が上弦とは逆になっている。いわゆる旧暦のカレンダーの下旬のころ見える半月なので、こうよばれる。双眼鏡で見た姿。

❺月の自転
月はおよそ1か月かかって満ち欠けの変化をくりかえしているが、その表面に見える、いわゆる「ウサギのもちつき」のような模様に注目してみると、いつ見ても同じで変わらないことに気付かされる。では、月は地球のような自転をしていないのだろうかと思いたくなるところだが、実は月もちゃんと自転しているのである。月が地球の周りをひと回りする「公転」と、月自身の「自転」の周期がぴたりと一致しているため、地球から見える面はいつも同じ〝表側〟だけとなり、〝裏側〟は永久に見ることができないというわけなのだ。図の上下を見くらべてもらえば、月自身もたしかに1か月がかりで1回転していることがおわかりいただけよう。

❻月の満ち欠け
地球の周りをおよそ1か月がかりでめぐる月を地球から見ていると、

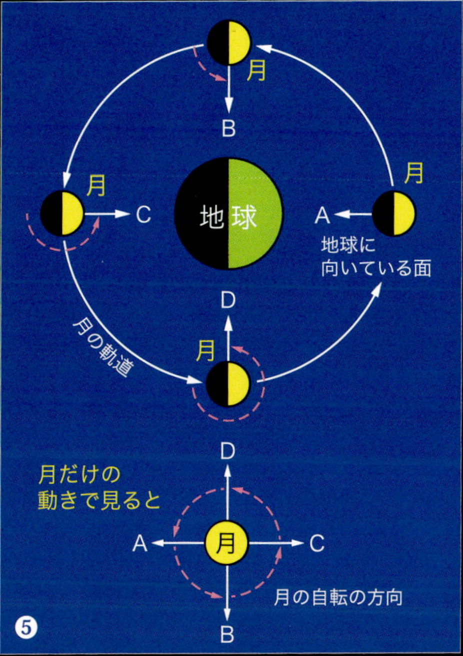
月
B
月
月
C
地球
A
地球に
向いている面
D
月
月の軌道
D
月だけの
動きで見ると
A
月
C
月の自転の方向
B
5

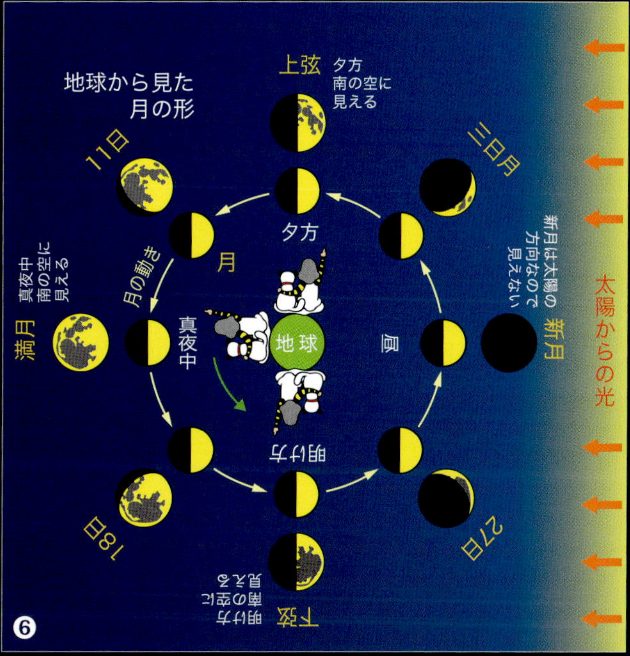
地球から見た
月の形
上弦
夕方
南の空に
見える
三日月
11日
夕方
月
月の動き
真夜中
南の空に
見える
満月
真夜中
地球
昼
新月は太陽の
方向なので
見えない
新月
太陽からの光
明け方
18日
27日
下弦
明け方
南の空に
見える
6

7

低い月はなぜ大きく見える

まん丸な満月が、東の空から上るとき、びっくりさせられるくらい大きく見えることがある。もちろん、地平低い月も頭上高く昇った月も、実際の見かけの大きさに変わりはないのだが、そうはいわれてみても地平低い月がたしかに大きく見えるのも事実。その理由についてはまだよくわかっていないが、人間の目の錯覚によるものらしいことだけは確かなようだ。一説には、地平低い月のまわりには地上の景色などが見え、景色に対して「月は意外に大きい」と感じて見てしまうからではないかという。

❶月の見かけの大きさ
地球の4 分の1 の大きさの月は、地球からおよそ38 万km のところにある。地球から見ていると角度にして0.5 度ほどの見かけの大きさとなる。これは指でつまんだ5 円玉の穴を、腕をいっぱいに伸ばして見た程度の大きさだ。見て感じる月の大きさのイメージとくらべると、意外に小さい。

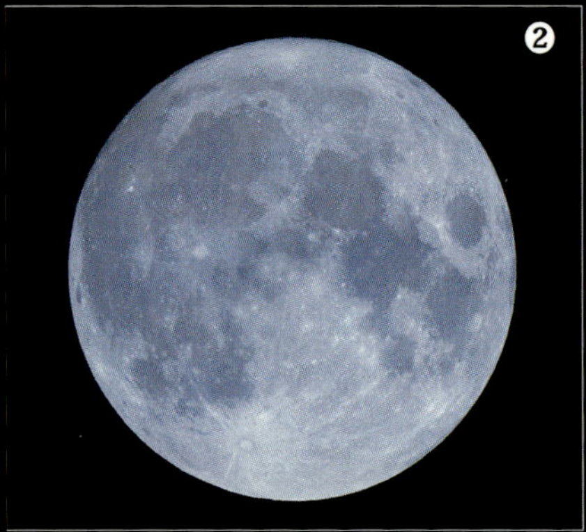

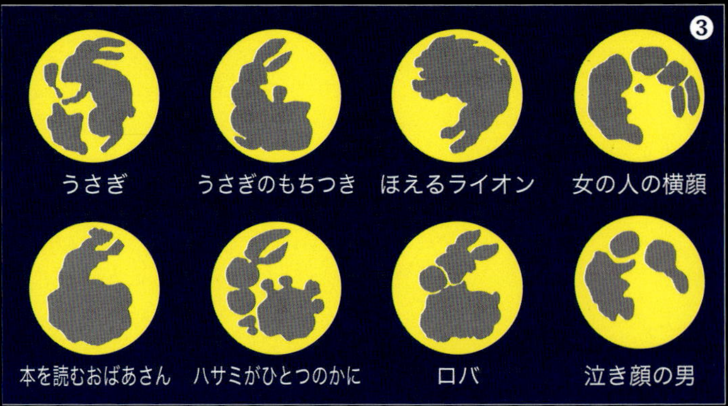

❹中秋の名月
旧暦の8月15日の月は「中秋の名月」とよばれて、お月見を楽しむのがならわしとなっている。今の暦ではたいてい9月となるが、10月に入ることもある。月見だんごやススキなどの飾りつけは、それぞれ地方ごとに独自のものもある。

❺地平低い月は大きく感じて見える
左右の目で立体視すると、月が浮かんで見える。このとき、近い左の月より、遠い右の月の方がほんの少し大きめに見えるように感じることだろう。どれも同じ大きさの月なのに、である。(下図参照)

❷満月の模様
意外に小さな月とはいえ、肉眼でも、表面に薄暗い模様が見えているのがわかる。双眼鏡で見るとさらにはっきりする。

❸月の模様
月の表面に見える薄暗い模様は、世界中の人びとによってじつにさまざまな姿にイメージされてきた。肉眼で模様がわかりにくいときは、双眼鏡で見るとよりはっきりする。

❻地平低い月は大きく感じる
我々には頭上の星空は少しひしゃげて、地平低い方がより遠いと感じる。このため、地平低い月の方が頭上に見える月より「遠くて大きい」と感じてしまうらしい。これは月にかぎらず、太陽や星座でも同様で、地平低いときのほうが大きく感じて見えるはずだ。

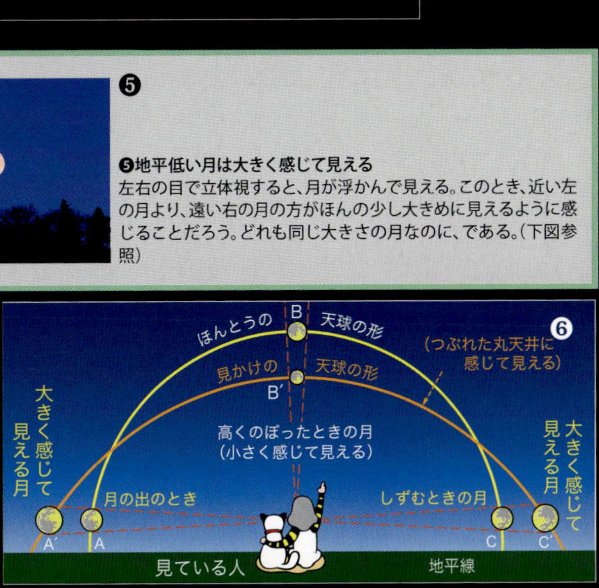

月世界の地形

月の地形は、まん丸な満月のころが一番よく見えそうな気がするが、満月のころの月面は太陽光線が真上から照らしているため地形の影ができず、地形の凹凸のようすがわかりにくく面白味がない。その点、月が欠けているときは、その欠けぎわに影ができるので凹凸が浮かび上がり、その様子がわかりやすい。とくに望遠鏡などで月面を見るのなら、月が欠けているときがおすすめというわけである。

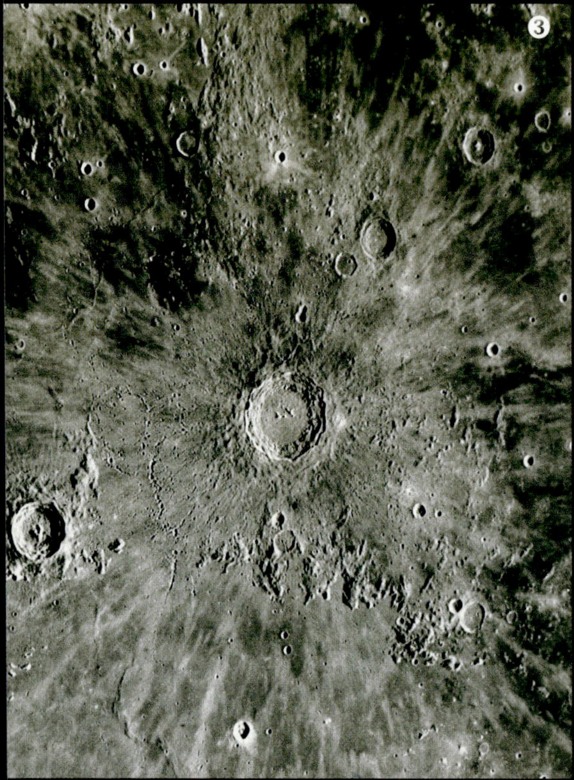

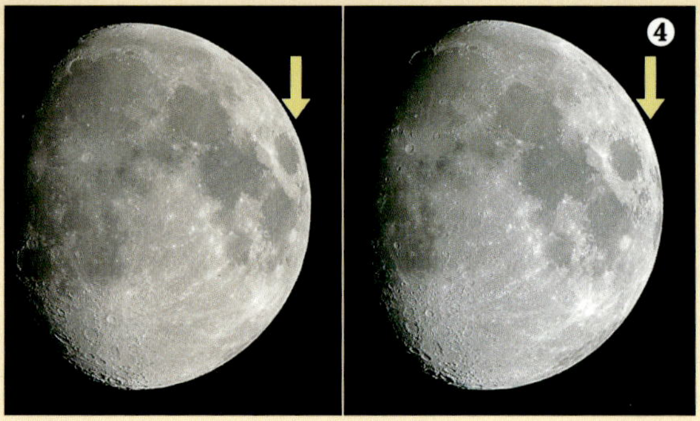

❹月の首ふり
月は公転と自転の周期がぴったり一致しているため、いつも地球側に同じ面を向けていて、月の裏側のようすを見ることはできない。しかし、それでも月がほんの少し首ふりをしてくれるおかけで、ごくわずかに裏側をのぞけることもあり、月面はちょうど半分ではなく59%を地球から見ることができる。

❶三日月のころ
欠け際のあたりで地形の影ができ、クレーターなどの地形のようすがよくわかる。

❷月齢9 のころの月面
月面で目につくのは、クレーターだらけの山岳地帯と、海とよばれている薄暗い平らな部分だ。海とは言っても、月には水も大気もないので、平原が広がっている地形にすぎない。海も無数のクレーターも、かつて月に衝突した大小の天体たちによって形づくられできたものだ。地球も同じような目にあったはずだが、大気と水のある地球では、侵食や風化などによって、それらの痕跡のほとんどが消し去られてしまった。

❸コペルニクスのクローズアップ
月面の地形には歴史上の有名な科学者や山脈などの名前がつけられているが、これは地動説でおなじみのコペルニクスの名をもつ直径90km のクレーター。望遠鏡の倍率を上げると、地形のくわしいようすが探れるようになる。

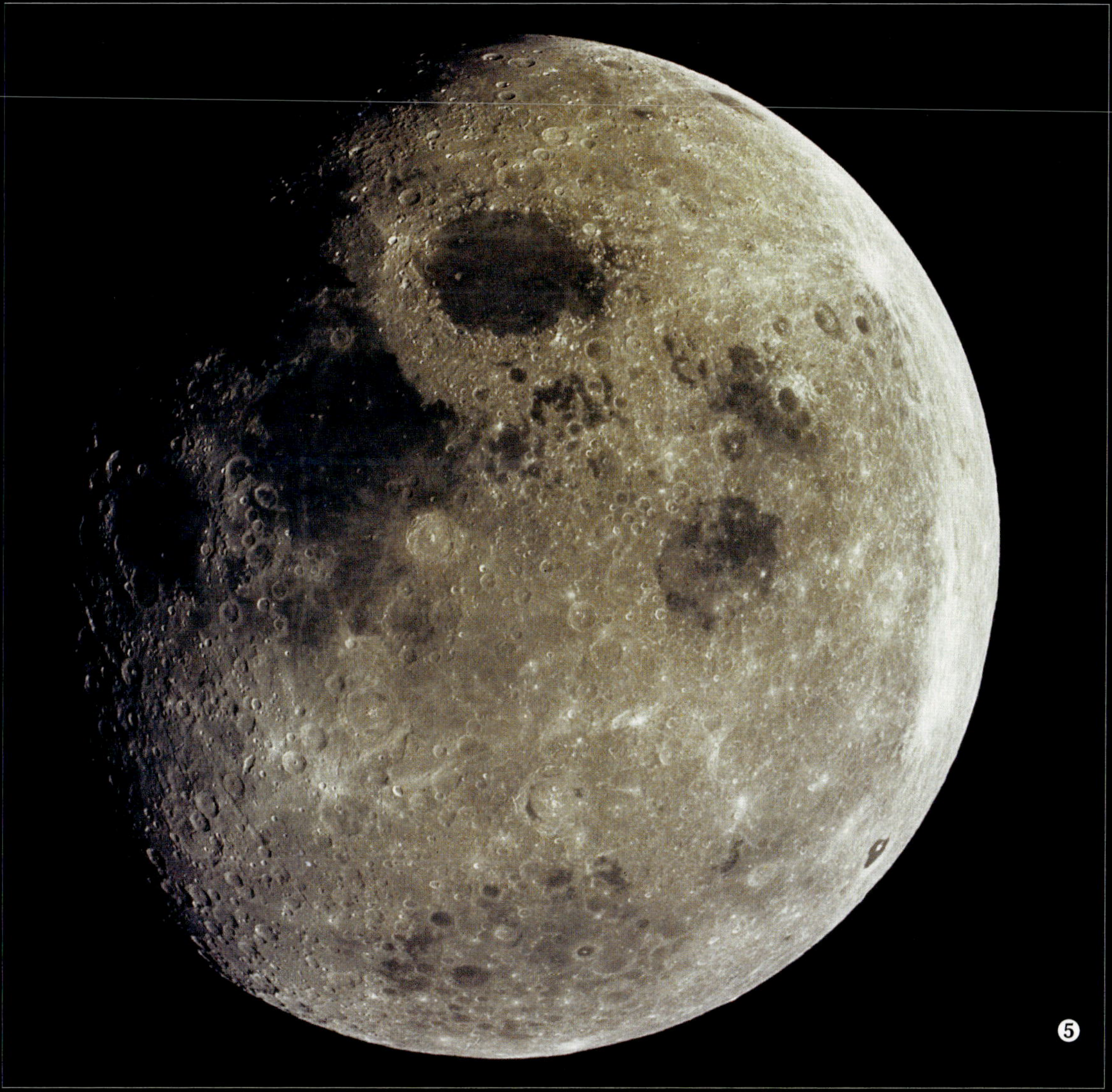

❺月面の裏側
地球から見えない裏側のようすも、月探査機などによって、今では詳しく探られている。
❻裏側の大クレーター
月の裏側には表側のような海はなく、大小無数のクレーターでおおいつくされている。

月世界探検と月の誕生

夜空に皓々と輝く満月を見ていると、誰でも一度は月世界を探検してみたくなることだろう。そして「どうしてあんなところに月があるのだろう…」という疑問が浮かんでくるかもしれない。1969年に宇宙飛行士が月面に第一歩をしるして以来、しばらく月世界への人類の探検は行われていないが、それでも将来月面に基地をつくり、月世界が宇宙進出の基地になることは間違いなさそうだ。そして、有人の月世界の科学調査によって、今は完全に解明できていない月の誕生の謎に答えが出せる日も、きっとやってくることだろう。

❶地球から見た月
地球と月が深いかかわりあいをもっていることは事実だろう。

❷地球から月世界へ
地球を出発してわずか4日ほどで月世界へ到着できるが、水も大気もなく重力が6分の1の月世界は、地球環境とは大違いで、活動するのに周到な準備が必要だ。なにしろ、昼間の温度が+150度、夜になると−150度にも下がる温度変化ひとつとっくも、地球とは大違いなのだから…。

❸宇宙飛行士の活躍
月の南極や北極の、太陽光の当たらない永久影の場所には、凍りついた水の存在が明らかになっている。近年の月探査により、将来の月面活動にとって有益な情報が得られつつあるのだ。

❹月の誕生
月の起源には、さまざまな説がある。地球から分裂したとする説。同時に生まれたとする双子説、たまたま地球の近くを通りかかった月を地球が捕まえたとする説などだ。しかし、現在、最も有力とされているのはジャイアント・インパクト説、つまり、巨大衝突説だ。生まれてほどない地球に火星大の天体が衝突、飛び散った両者の破片が集まって月になったとする説だ。それによれば、月はわずか1か月ほどでできあがったというから驚きだ。

満月が欠ける月食

ふだん直接目にすることはできないが、地球は太陽の反対方向に丸い影をのばしている。その地球の影の中を満月が通りすぎていくと、満月が欠ける月食となって見られる。満月は毎月のように起こる現象だが、満月のたびに月が地球の影の中に入りこむとはかぎらないので、月食は年に1～2回の珍しい現象となってしまう。今後の月食の予報は126ページに掲載してあるが、その見え方や欠け方は実にさまざまで、満月の一部分が欠けるだけの「部分月食」のこともあれば、全部が地球の中に入りこんで赤銅色に変身する「皆既月食」となることもある。いずれにせよ、どんな月食の場合でも、双眼鏡や望遠鏡がなくても肉眼だけで見ることができるのはうれしい。なお、月食は満月が地球の影の中に入って起こる現象なので、満ち欠けのときの月面の欠けぎわのようにクレーターが見えることはない。

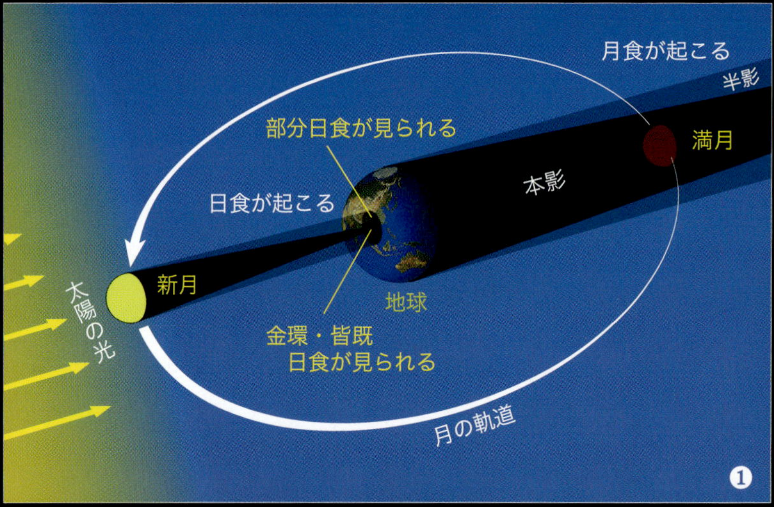

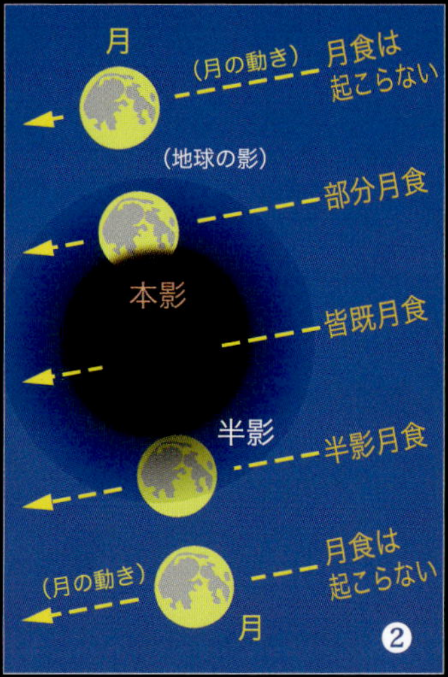

月が星をかくす星食

月が星空を移動していくうち、その背後に星座の星ぼしをかくすことがある。「星食」とよばれる現象で、双眼鏡で楽しめる星食は1年に20回くらいは起こり、その詳しい予報は『天文年鑑』などで知ることができる。これはおうし座のプレアデス星団（すばる）を三日月がかくす様子。

惑星食

月が星座の星をかくす星食は、そんなに珍しい現象ではないが、月が明るい惑星をその背後にかくす「惑星食」となると見られるチャンスはめったにない。これは四大衛星をしたがえた木星をかくしたときの様子。地球照の美しい細い月のときの「星食」や「惑星食」の眺めは素晴らしい。

❶日食と月食の起こるわけ
およそ1か月かかって地球の周りを回る月が起こす現象で、新月のとき月が太陽の前面を通りすぎると太陽が欠けて見える「日食」となり、満月のとき地球の影の中を月が通り過ぎると満月が欠けて見える「月食」となる。月の軌道が少し傾いているため、新月のたびに日食となるわけでなく、満月のたびに月食が起こるわけでもなく、日食も月食も珍しい現象となる。

❷月食の見え方
ふだんの満月は、地球の影の南よりか北よりにはずれて通りすぎ月食は起こらない。地球の影の南よりか北よりに少し入りこんで通過するときは部分月食となる。満月が全部地球の影の中に入りこむと皆既月食となり、満月が赤銅色にかわり素晴らしい見ものとなる。なお、地球の影には濃い本影と淡い半影部分があり、満月が半影部分に入りこんだときの半影月食は肉眼では欠けているのがほとんどわからない。

❸半影月食
満月の北よりの部分が地球の影の半影部分に入りこむと月面の端がいくぶん暗くなったような印象を受けるが、写真のようには肉眼ではわからないのがふつう。したがって、一般的には半影月食の予報は発表されないことが多い。

❺部分月食
地球の影の北よりに入りこんで満月が通過すると満月の南よりの部分が欠けて見える部分月食となる。部分月食の欠ける割合「食分」は部分月食ごとにちがいがある。

皆既月食の赤銅色の月

満月が丸い地球の影の中に全部入りこんでしまうと皆既月食となる。このときは、一部分が欠ける部分月食とちがって、月面全体がただ暗くなるだけでなく赤暗く「赤銅色」となる。実に神秘的な眺めとなり、皆既月食の魅力は部分月食とはくらべものにならない。

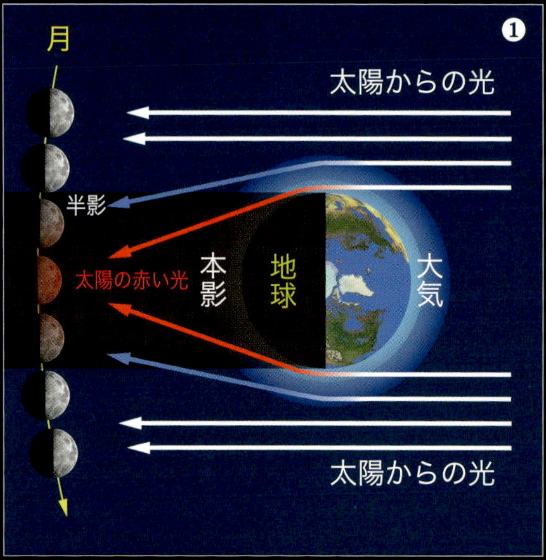

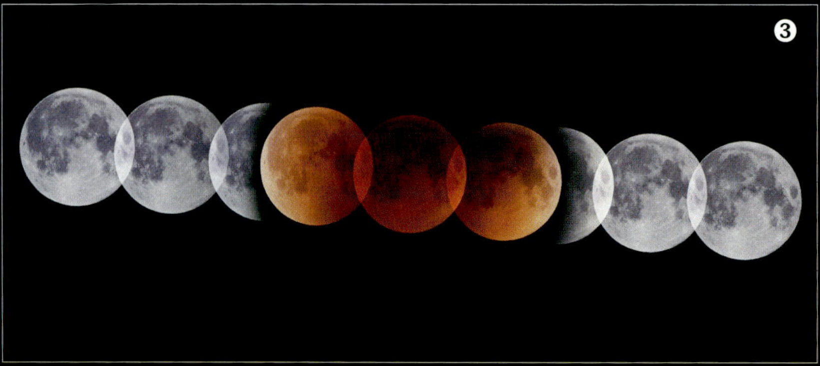

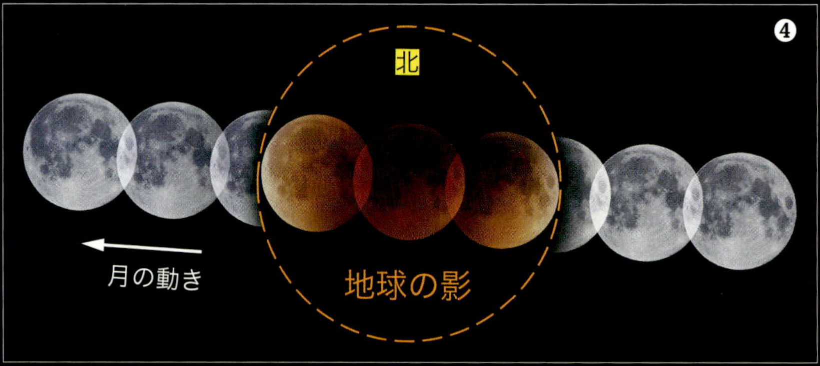

❶皆既月食が赤銅色に見えるわけ
地球の大気を通りぬけた太陽光線のうち、赤い光が地球の影の中に入りこんでいて、皆既月食中の月面を夕焼けのように赤暗く照らし出すため、満月が神秘的な色彩となって見えることになる。

❷皆既中の赤銅色の月
地球の中心よりの方がより暗めで、影の端よりの方がいくぶん明るめに見える。肉眼でもわかるが、双眼鏡があるとより鮮やかな赤銅色の様子がわかる。

❸❹地球の本影を通過する満月
30分ごとの満月の動きで皆既月食を見たもので、地球の本影の中に全部入りこんで赤銅色に変身する月の様子がよくわかる。月食のときの月の欠けぎわが丸いことから、古代の人々は地球の影が丸いことを知ったともいわれている。

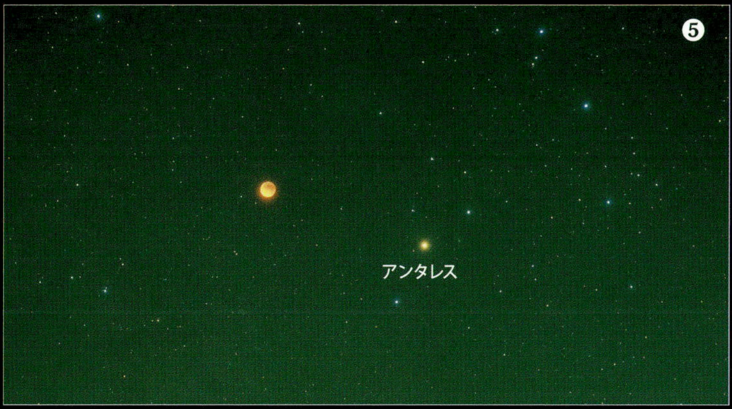

❺皆既月食中の星空
皆既月食になると満月の明るさがなくなるので星の輝きが戻ってきて、その中に赤暗くぼんやり浮かぶ赤銅色の月が見え幻想的な光景となる。これはさそり座の真っ赤な1等星アンタレスの近くで起こった皆既月食のようすで、月の見かけの大きさがふだんイメージする大きさとちがってずいぶん小さめなことがわかる。

❻皆既中の月の明るさ
同じ皆既月食でも、火山の噴火などによって地球の大気の透明度が落ちると、赤銅色の月面が極端に暗く、ほとんど見えなくなってしまうようなこともある。

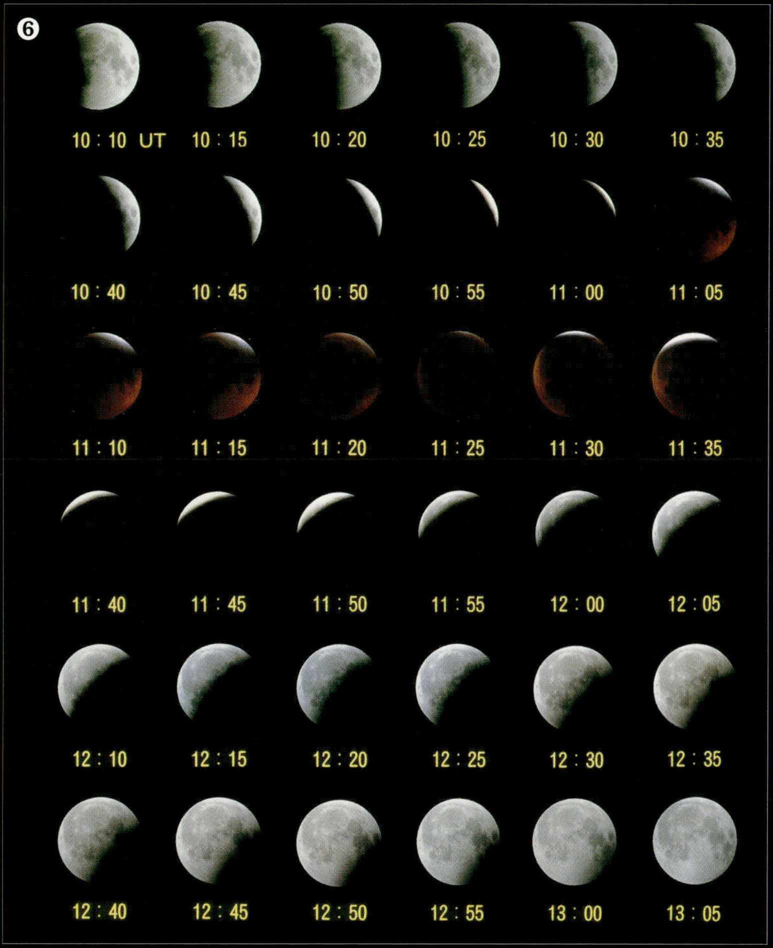

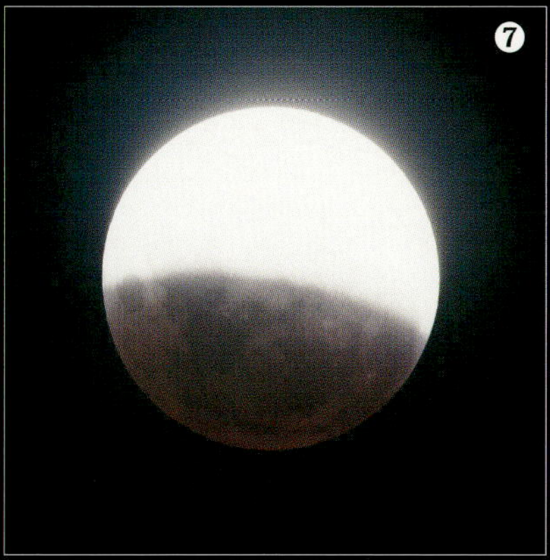

❼部分月食の欠けた部分
部分月食のときは、月の明るい部分にさまたげられて肉眼では本影部分に入りこんだ月面のところが赤銅色になっているのがわからないが、双眼鏡なら意外によくわかる。

太陽が欠ける日食

新月が太陽の前面を通りすぎると、太陽が欠ける日食が見られることになる。つまり、太陽が黒く欠けて見える部分は、実は月ということになる。日食が起こるわけは 16 ページに図示してあるが、新月がうまく太陽と重なって見える部分は地球上のごくせまい範囲に限られるので、日食が見られるチャンスは少ない。日食の中で最も見られる機会が多いのは、太陽の一部分が欠けて見える「部分日食」で、22 ページの「金環日食」や 24 ページの「皆既日食」は非常に稀。お目にかかりたいときは、金環や皆既が見られる場所まで出かけていかなければならないことになる。なお、日食は太陽を見ることになる現象なので、減光方法には特に注意をはらい、目を焼くなどの事故が起こらないようにしなければならない。

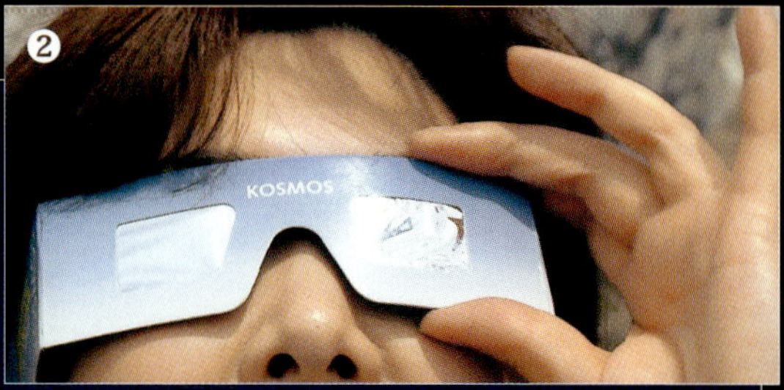

❶日食の連続写真
5 分毎に多重露出で部分日食の全経過をとらえたもの。
❷日食メガネで見る
自分で手づくりした黒いビニールやすすガラスで見るのは危険だ。太陽減光専用の日食メガネなら安全だが、長時間見続けるのは、もちろんよくない。
❸小さな部分日食
ほんの少し欠けても大きく欠けても、太陽の強烈な明るさにはあまり変わりがないので、減光方法にはとくに注意して見るようにしなければならない。

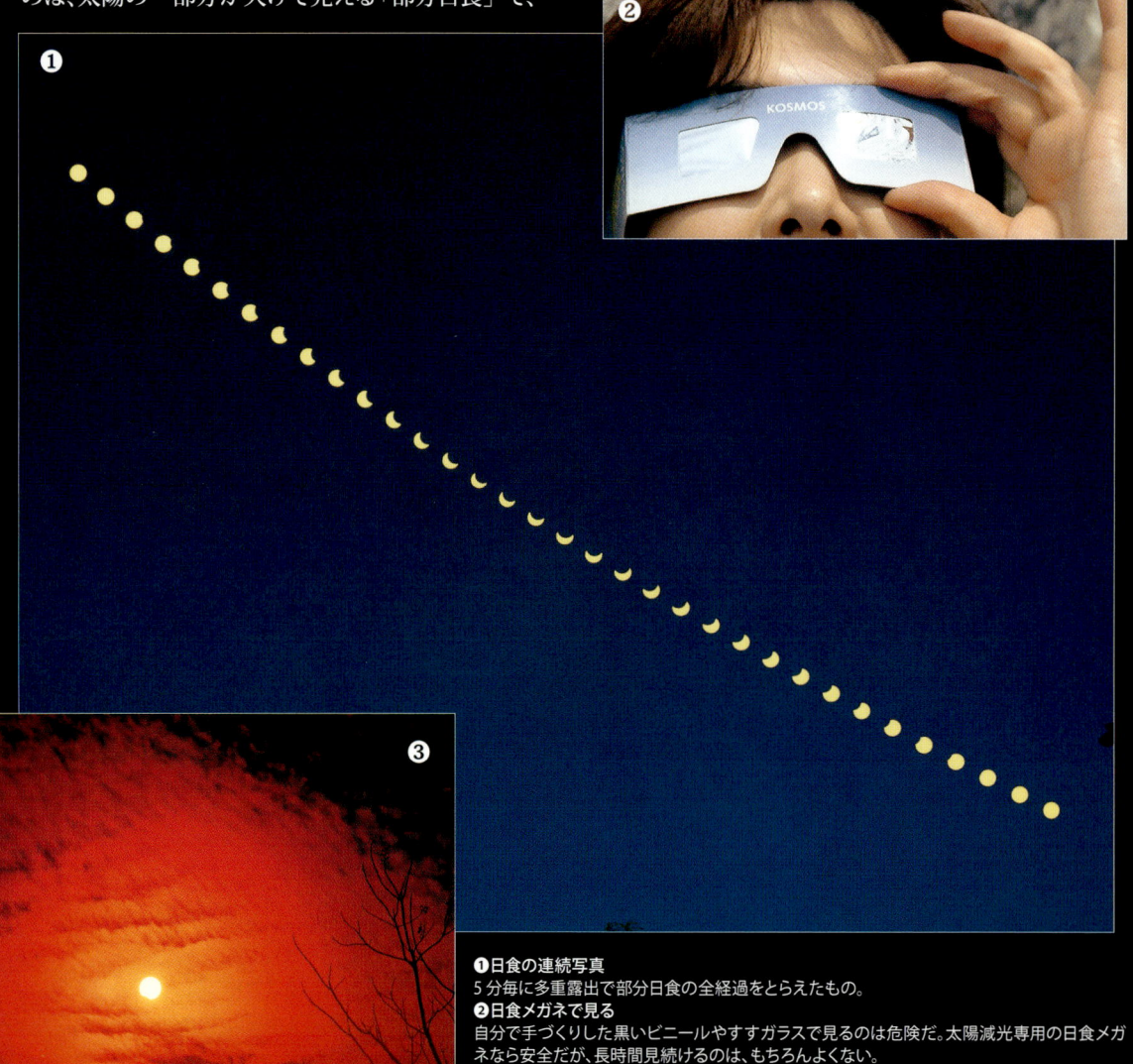

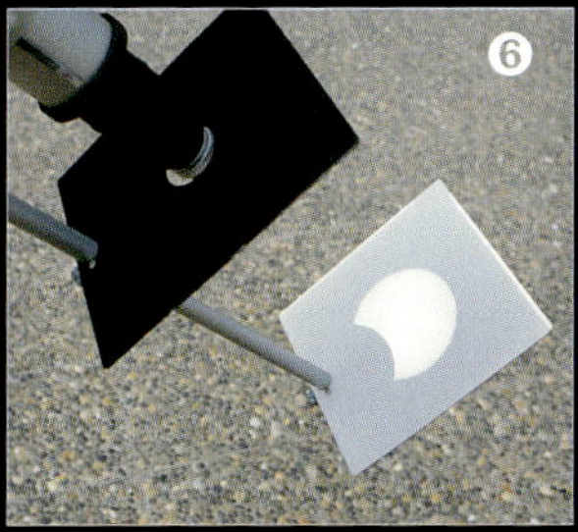

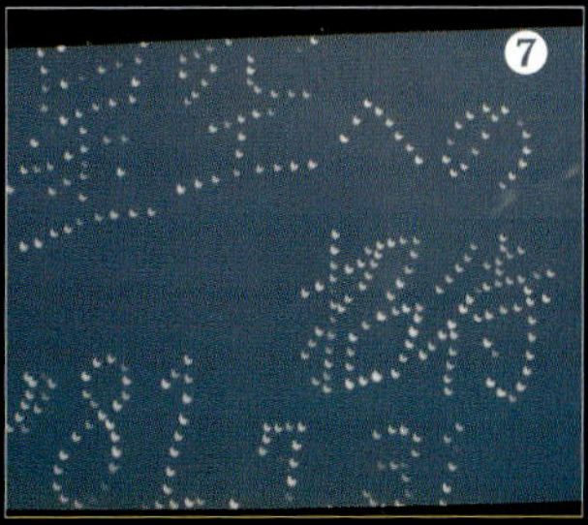

❹日の出時の欠けた太陽
太陽の高度が低いため、地球の大気の影響で、太陽の姿がいくらかゆがんで見えている。

❺麦わら帽子でできた日食像
麦わら帽子の小さな網目のすき間を通したピンホール像で無数の日食の像ができている。欠けた割合の大きい日食では、木もれ日などで地面にたくさんの日食像ができることがある。

❻太陽投影板上に投影された日食像
望遠鏡の場合は、太陽投影板に投影して観察するのが最も安全。これなら直接望遠鏡をのぞかずにすみ、大勢の人が同時に見ることもできる。

❼ピンホール日食文字
紙に小さな穴を開けたピンホール像でも無数に欠けた日食像ができるので、文字やイラスト状に穴を開け、投影してみるのも楽しい。写真にとれば良い記念になる。

リング状の金環日食

太陽と月の地球から見た時の見かけの大きさは、偶然にもほぼ同じ。しかし、月や太陽は、1年のうちに地球からの距離をほんの少し変えるため、見かけの大きさもごくわずかながら変わる。太陽の見かけの大きさが月の見かけの大きさよりわずかに大きいときの日食では、新月が太陽の全面をおおいかくすことができず、太陽の周りがリング状にはみ出して「金環日食」となる。金環日食はまぶしいので、24ページの皆既日食のように淡く美しいコロナは見られない。

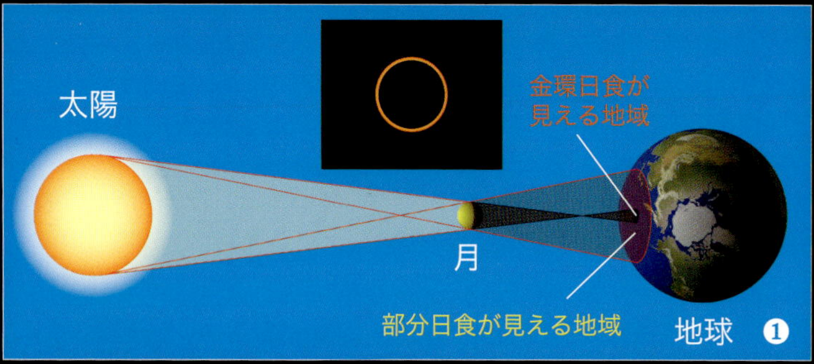

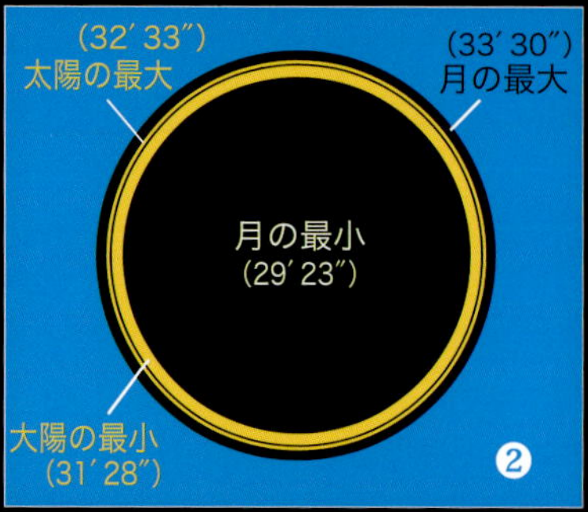

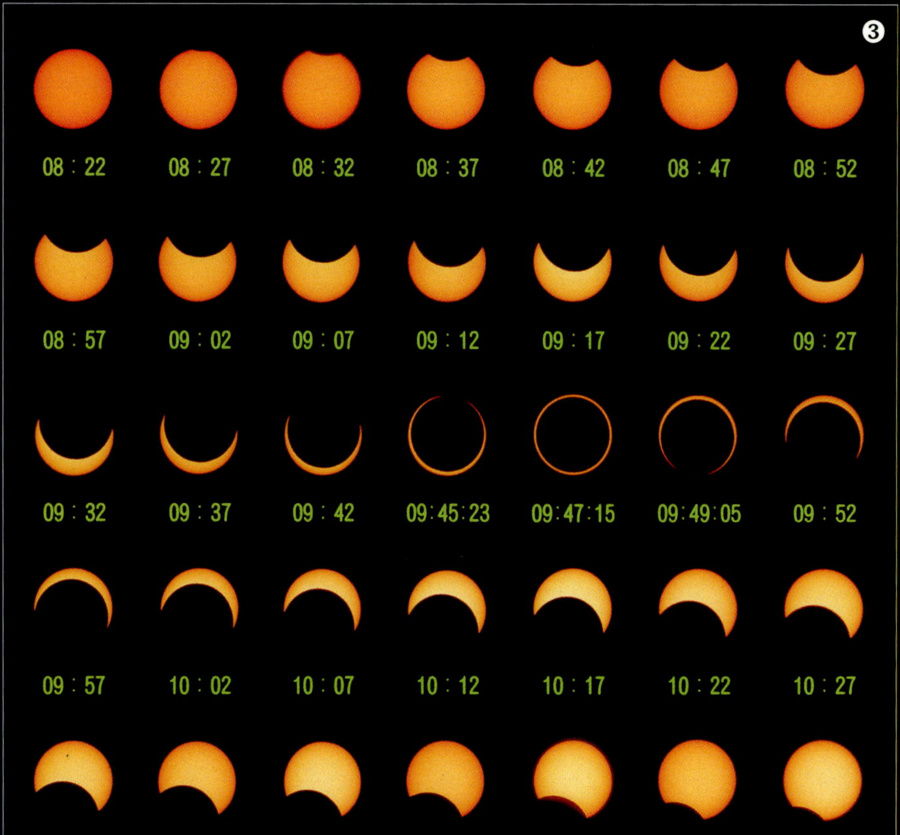

❶金環日食の見えるわけ
新月の見かけの大きさが太陽よりもわずかに小さく、太陽の周辺が丸くはみだしてリング状に見えてしまう。見える範囲がかぎられるので、この様子を観察するには金環食帯に出かけなければならない。

❷太陽と新月の見かけの大きさの違い
そのわずかな差によって、日食は金環日食となったり皆既日食となったりすることになる。

❸金環日食の経過
リングの太さのちがいによって金環食の継続時間は変化する。

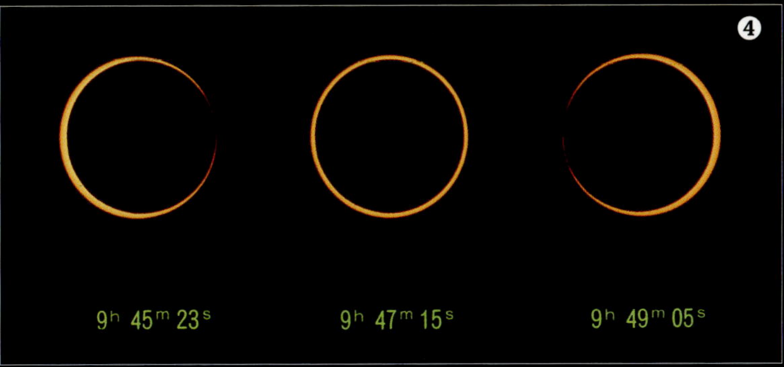

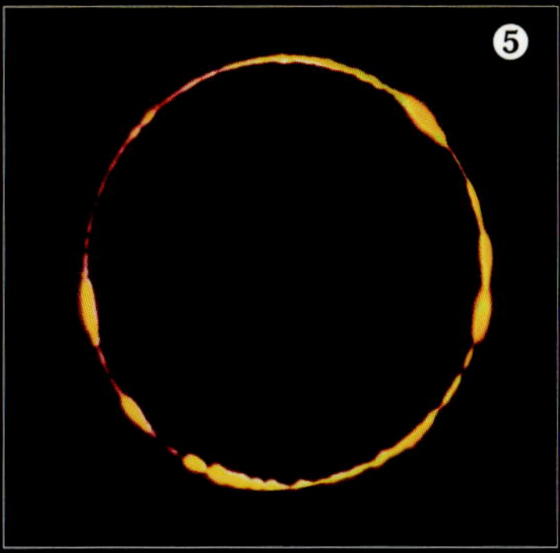

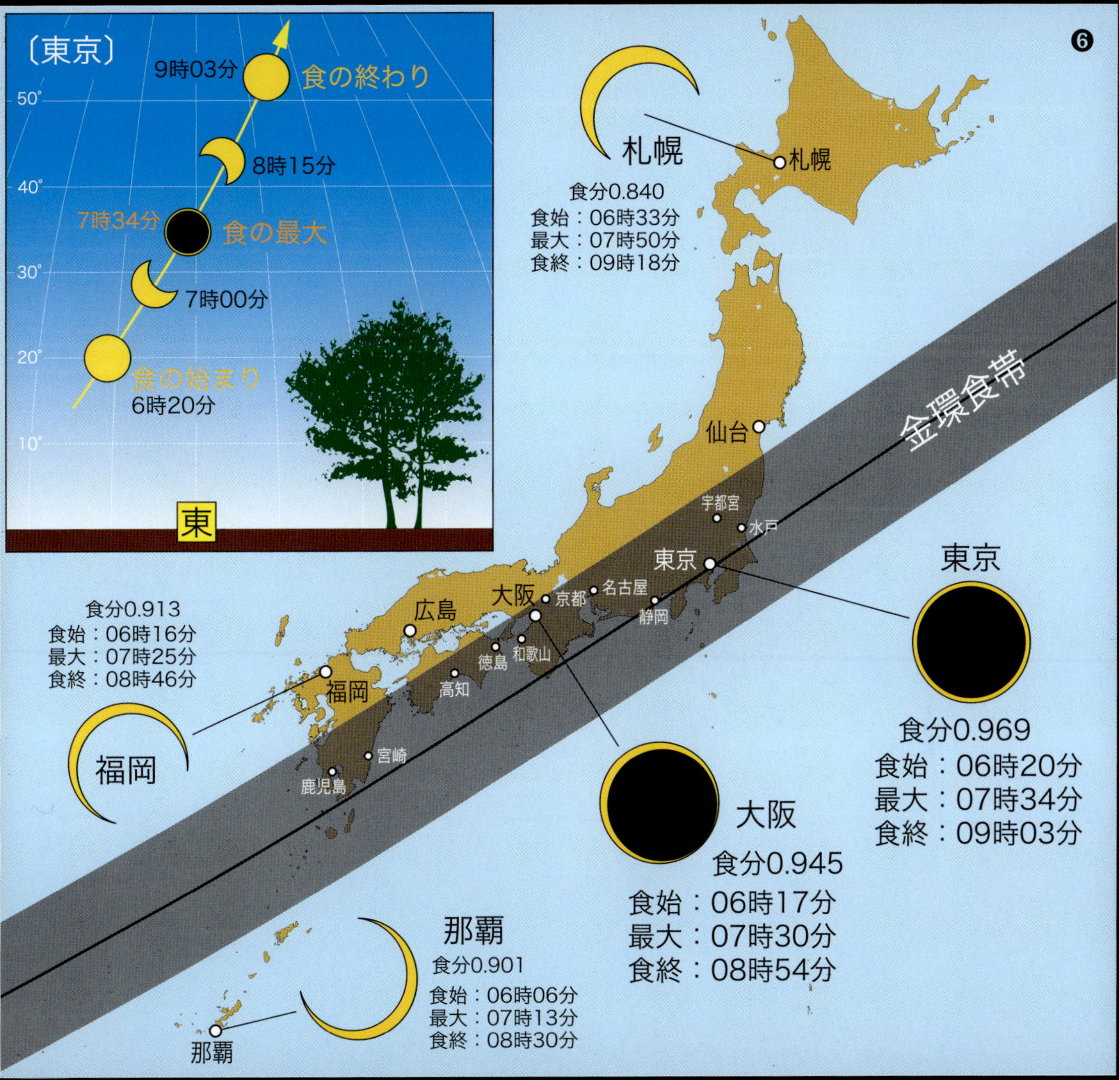

❹金環日食の経過
金環日食ごとにリングの太さが変わるが、いずれにしろ太陽本体が見えて非常にまぶしいので、観察するには、部分日食と同じく専用の日食メガネなどの減光装置が必要になる。
❺ベイリービーズ
太陽の見かけの大きさと新月の大きさがほとんど同じときには、月の

神秘的なコロナの輝く皆既日食

太陽の見かけの大きさより、新月の見かけの大きさの方が少し大きめだと、太陽が全部かくされてしまうため、ふだん太陽の輝きがまぶしくて見ることができなかったコロナの光芒が“黒い太陽”のまわりに大きく広がる。皆既日食では、この世のものとは思えない素晴らしい光景を目にすることができる。

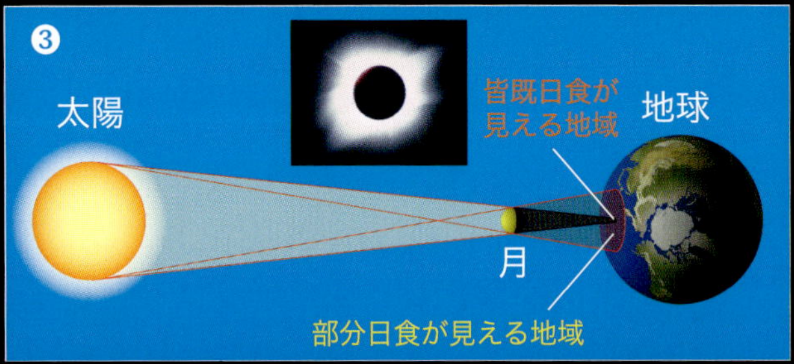

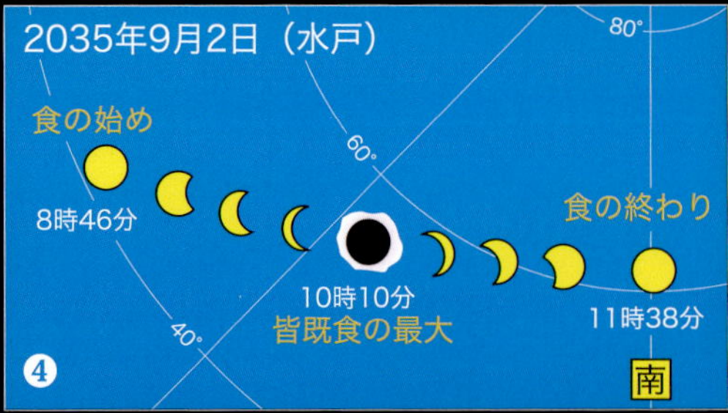

❶ダイヤモンドリング
皆既日食の始まる直前と終わる直後、月の谷間からもれた太陽光が一瞬輝いて見える現象が起こる。

❷月の影
宇宙から見た新月の影。この影の下で皆既日食が見えているわけだ。

❸皆既日食が見られるわけ
太陽の見かけの大きさが小さく、新月の見かけの大きさが大きいほど、太陽をおおいかくしている時間が長くなる。その最長継続時間はおよそ７分間となる。

❹ 2035 年 9 月 2 日の皆既日食予報
皆既日食は毎年のように世界中のどこかしらで起こっているが、日本で見られるものとなるとそのチャンスは少なく、次回はなんと 2035 年となる。この皆既日食の詳しいようすは 26 ページにも示した。

❺プロミネンス
太陽の周辺から立ち昇る、ピンク色のプロミネンスもよくわかる。プロミネンスもコロナも満月程度の明るさなので、減光装置なしでそのまま肉眼で楽しめる。双眼鏡があるとさらに詳しいようすがわかり、おすすめだ。

❻皆既日食時のコロナ
新月が太陽の全部をおおいかくすと、美しい真珠色のコロナの光芒が大きく広がる。この世の眺めとは思えない光景は、一度はナマで見てみたいもの。コロナの形は太陽の活動によって変わる。活動が活発な極大時には全体に丸く広がり、活動が弱い極小期には赤道方向に長くのびて見える。

❼ハワイのマウナケア山頂での皆既日食の光景

2035年 9月 2日の皆既日食の予報

2009年7月22日、日本では46年ぶりという皆既日食が起こった。皆既中心帯の通ったトカラ列島付近はあいにくの悪天候でコロナは見られなかったが、それでも5分間の真昼の暗黒を体験した人々にとっては感動ものだったという。皆既日食はこの世の自然現象の中では、最も荘厳なもののひとつとされ、コロナの神秘的な輝きに接した者は、例外なく“日食病”にかかり、世界中どこで皆既日食が起ころうと出かけたくなってしまうという。そこまでいかなくても、次回日本で見られる皆既日食が気になる方は多いと思われるので、その予報図を掲げることにしよう。

じつは、この皆既日食に似たようなものが明治20年（1887年）8月19日に新潟県や福島県、栃木県、茨城県、千葉県などで見られ、時の明治政府上げての支援で大いに盛り上がることになり、福島県白河市の小峰城には、アメリカのアマースト大学のD.P.トッド博士らの観測隊が布陣、白河の町中では東京などから大勢の日食ツアー客が開通したばかりの東北本線で集まり、大にぎわいとなったという。2009年春に、その当時の観測台などの礎石が残されているのが発見されたのを機会に、白河天文同好会など地元の天文ファンたちは「白河皆既日食の碑」を城内に建立、新しい天文ファンの名所として訪れる天文ファンも多いそうだ。皆既日食はなにかと人騒がせな天文現象と言える。

明治20年の白河皆既日食の碑
東北本線白河駅から歩いて5分の小峰城内にある。

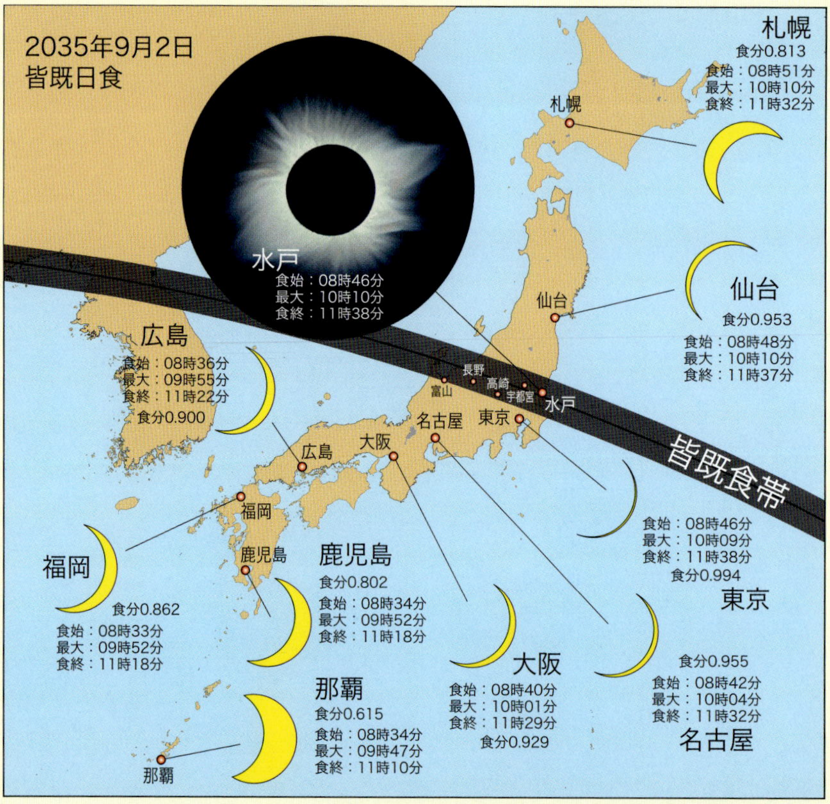

2035年9月2日の皆既日食帯と各地の日食の状況

太陽系の仲間たち

太陽をめぐる８つの惑星たちの物語

●宇宙のオアシス地球
やさしく大気にくるまれた水の惑星が地球だが、生命あふれる楽園のような惑星の環境の危うさも、宇宙から眺めてこそ実感ができよう。

太陽をめぐる太陽系家族たち

太陽を中心とする「太陽系」の家族たちは、8個の惑星とその周囲をめぐるおよそ170個の衛星たち、それに、小惑星や太陽系外惑星と準惑星、彗星や流星など、大小実にさまざまな天体たちで構成されている。これら太陽系天体たちには、今も次々に探査機が送りこまれ、それぞれその個性的な素顔が明らかにされつつある。まず、我々の住む地球以外の太陽系天体たちの世界がどんなものか、探訪の旅に出かけることから始めよう。

❶太陽系の概観
太陽を中心にめぐる地球などの天体の集まりが「太陽系」で、地球は太陽をめぐる惑星のうち内側から3番目をめぐる第3惑星だ。太陽からの距離が生命の居住環境に好適とされる、いわゆる「ハビタブルゾーン」内を周回しており、太陽系内では唯一生命にあふれた惑星となっている。なお、太陽系最大のジャンボ惑星である木星の直径は地球の11倍もあるが、太陽の大きさにくらべるとわずかなもの。太陽以外の太陽系全体の天体を集めても太陽の重さの0.13%にすぎず、残りの99.87%を太陽が占めている。太陽の存在がいかに大きなものかわかる。

❷惑星の3つのタイプ
太陽系が誕生したころの太陽からの距離の違いによって、惑星たちはの岩石質の地球型、巨大ガス惑星の木星型、氷でできた天王星型の3つができることになった。

干からびた水星世界

太陽系で一番内側を回る水星は、太陽の強烈な熱にさらされ続け、昼間の表面温度は 430 度、逆に夜の側は－ 180 度にまで下がるというき厳しい環境となっている。もちろん、大気らしいものはなく、生命の存在できる惑星とはいえない。

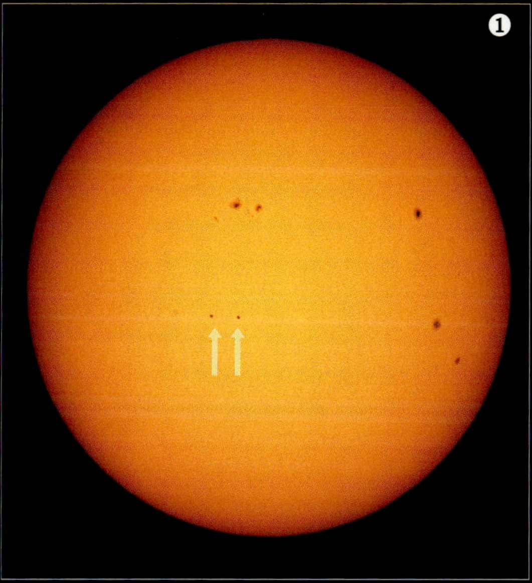

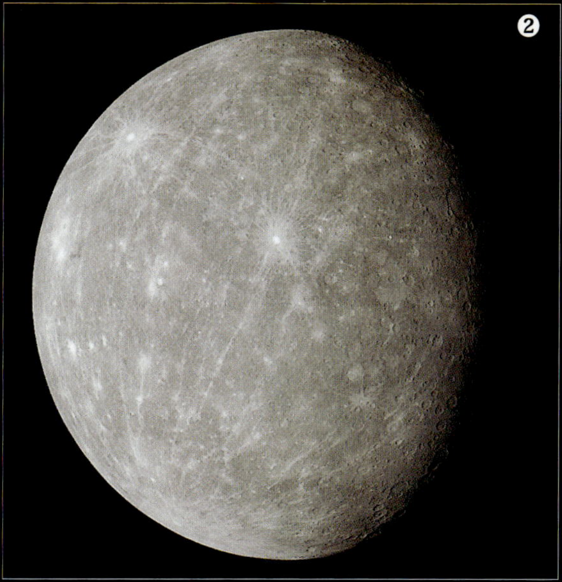

❶水星の太陽面通過
地球から見ていると、稀に水星が太陽の表面を通りすぎていくのが見られることがある。これは25 分間の水星の移動を合成で示したもの。(114 ページ参照)
❷水星は、地球の衛星である月よりほんの少し大きめの小型惑星で、月面そっくりの無数のクレーターにおおわれている。太陽からの強烈な熱と光にさらされ続けているが、それでも、北極や南極の太陽光の当たらない永久影には水の存在の可能性がとりざたされている。
❸水星探査機メッセンジャー
水星を周回しながら、水星世界の貴重なデータを送り届けてくれている。
❹クレーターにおおわれた水星の表面

宵の明星・金星の輝き

夕焼けの空の中で、ひときわ明るく輝く一番星を目にすることがある。それはたいてい「宵の明星」の金星で、明るさは1等星のざっと100倍を超える−4等星以上におよび、最大光度のころには、昼間の青空の中に輝いているのが肉眼で見えることさえある。もちろん、金星は夕方の西天ばかりでなく、夜明け前の東天に見えることもあり、このときは「明けの明星」とよばれることになる。太陽系で地球の内側をまわる金星は、地球から見ていると、夕方の空で見えたり、夜明け前の空で見えたりすることがある。

❶宵の明星の金星
夕暮れの空で細い三日月や木星とならんでいるところで、明るい方が金星だ。

❷明けの明星の金星
新月前の細い月と夜明け前の東天にならんでいるところで、水星が金星より高く見えているめずらしい眺め。

❸金星食
細い月と金星が接近してならぶ光景は美しく人目を引くが、稀にその細い月に金星がかくされる「金星食」の現象が起こることもある。これは金星が月にかくされる直前の眺め。

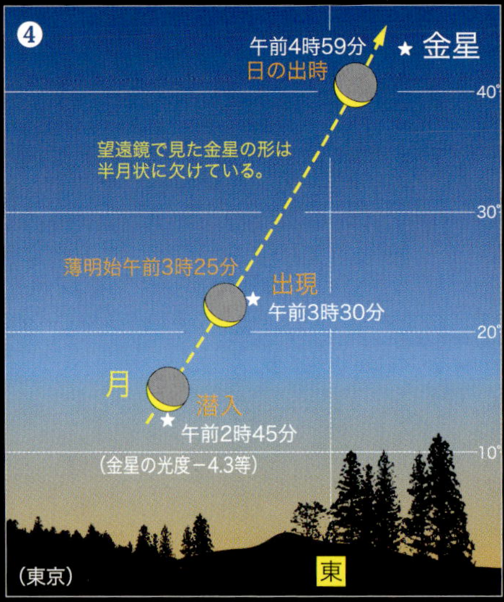

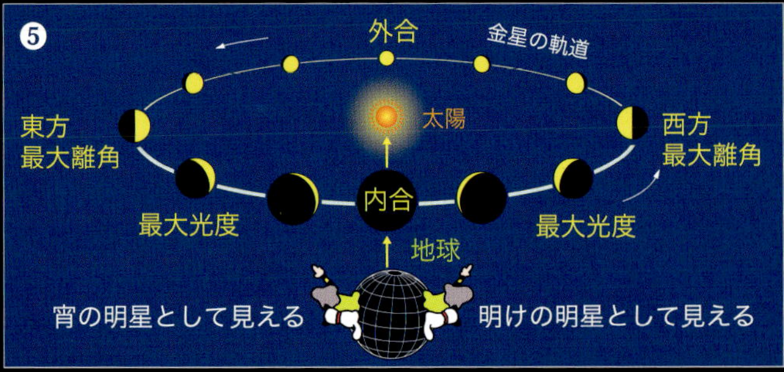

❹ 2012年8月14日の金星食の予報
夜明け前の東天で見られる素晴らしい金星食の東京での見え方を示したもの。

❺金星が満ち欠けして見えるわけ
地球の内側をめぐる金星を地球から見ていると、月のように満ち欠けして見える。距離も変化するため見かけの大きさもそれにつれて変わる。また、太陽の東側に見えるときは宵の明星として夕方の西天に、西側に見えるときは明けの明星として夜明け前の東天に見えることになる。

❻金星の姿
望遠鏡で見ると金星は月のように満ち欠けしているのがわかる。分厚い雲に覆われているので、その表面に模様らしいものは何も見えない。
❼細く欠けた内合直前の金星
地球と太陽の間に入りこんだ頃の金星は糸のように細く欠けて見え、大気があるため細い孤がより長くのびて見えるようになる。
❽金星の太陽面通過
真っ黒な金星が太陽の表面を通過していくようすで、2004 年6 月8 日に見られたときのもの。（114 ページ参照）

ぶ厚い雲に覆われた金星世界

大きさといい、厚い大気に包まれていることといい、金星は地球と双子の惑星といわれるくらい似た惑星だが、濃硫酸の恐ろしい雲の下の世界は、地球環境とは似ても似つかぬものとなっている。地表の温度は460度､気圧はなんと90気圧。気圧は地球の海の底900mの深さと同じだ。まさに灼熱地獄と表現するのがぴったりの金星世界だが、この高温、高圧の恐ろしい環境は、熱をとじこめる「温室効果」のなせるわざで、最近の地球環境の変化への警鐘となるものといえよう。

❶

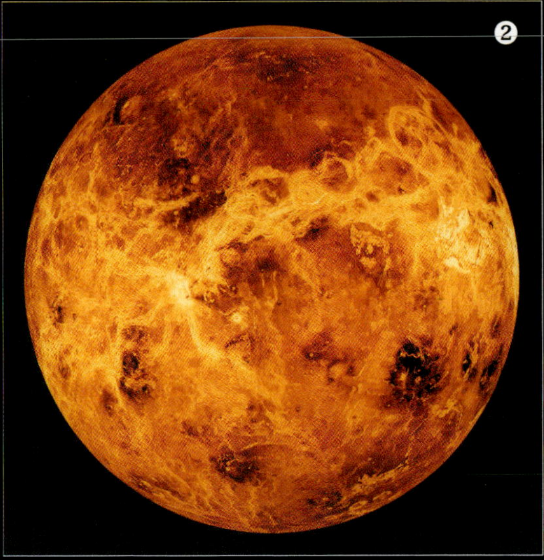
❷

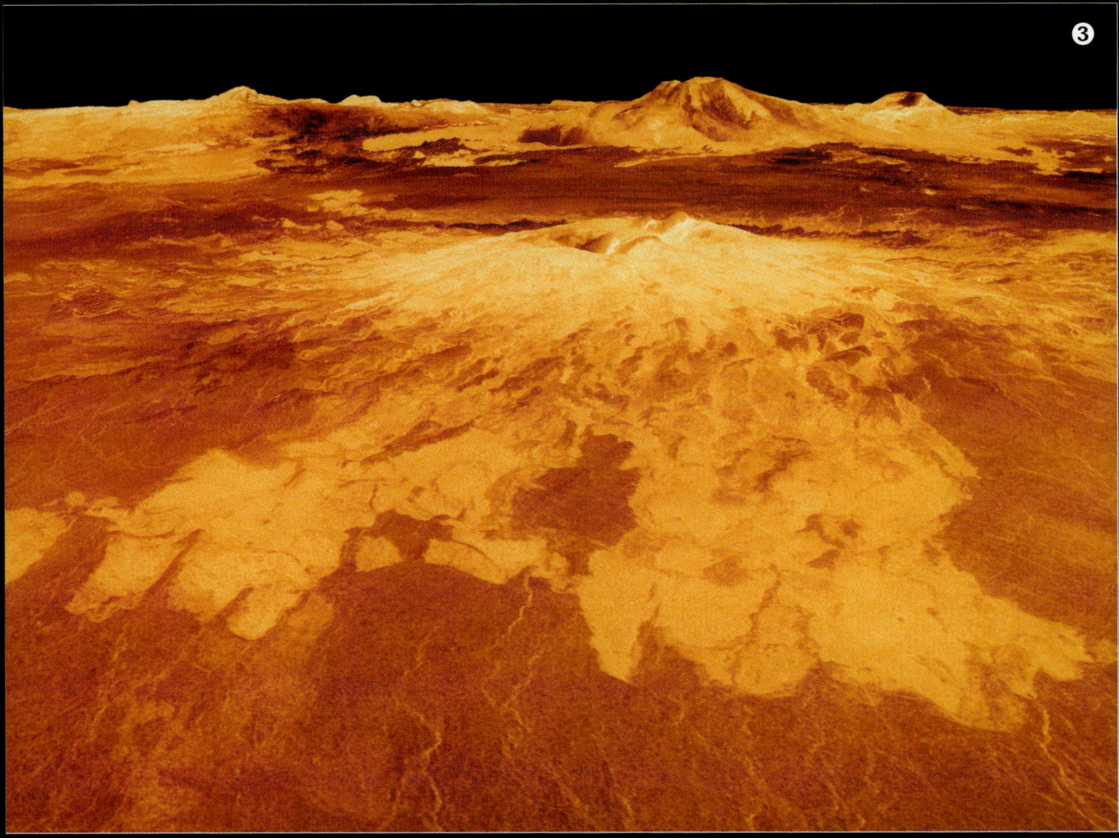
❸

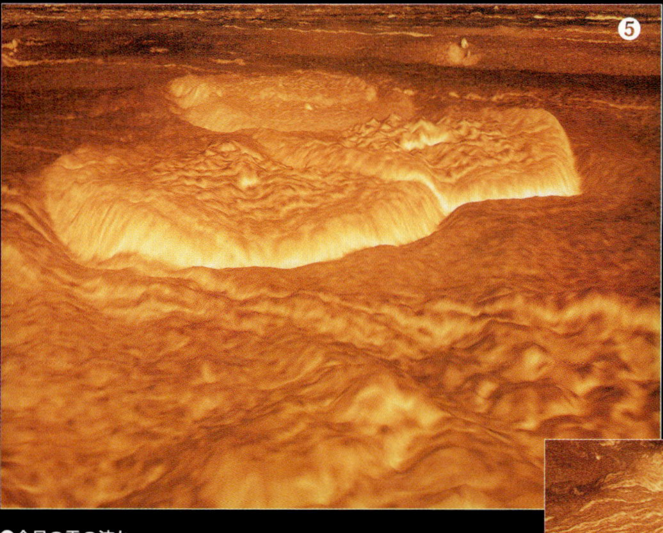

❹レーダーマッピング
金星のぶ厚い雲におおわれた地表のようすは、レーダーを使って調査される。
❺ドーム状の地形
地下から上昇したマグマが、直径25km、高さ100mもあるパンケーキのようなドーム状に盛りあがっている。高さを強調して示した写真。
❻奇妙な地形
激しい火山活動によってたくさんの変わった地形がつくられているのがわかる。

❶金星の雲の流れ
紫外線で見ると濃硫酸などでできた速い雲の流れがわかる。ただし、金星の自転のスピードはゆっくりで243日かけて1周し、自転も地球とは逆まわりになっている。
❷雲を取りさって見た金星の地表
厚い雲におおわれているため、直接金星の表面を見ることはできないが、レーダーを使って雲の下の世界をさぐることはできる。海のようなものは全く存在せず、全球がカラカラに干からびているのがわかる。
❸火山噴出の続く金星世界
金星の地表のおよそ60%は活発な火山から流れた溶岩流におおわれている。

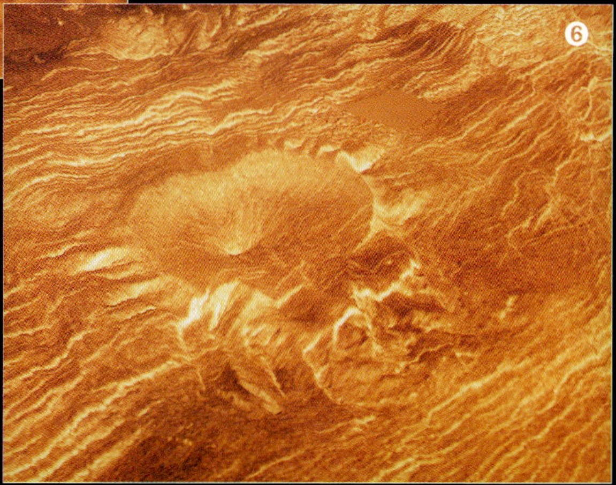

地球のすぐ内側をめぐる火星は、２年２か月ごとに近づいてきて、その不気味とも思えるほどの赤い輝きで人々を驚かせることがある。火星が軍神の星と見たてられてきたのもうなづけることだろう。

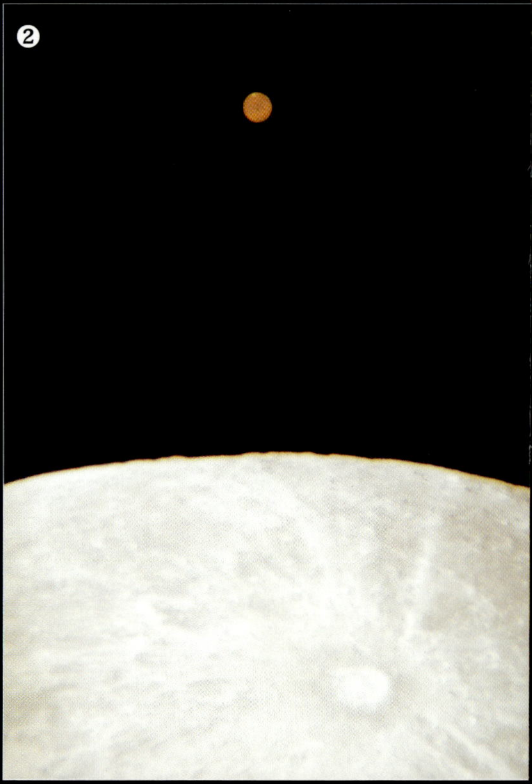

❶火星とアンタレス
さそり座の真っ赤な1等星アンタレスと火星アレースは、時おりならんで赤さくらべをしているように見えることもある。アンタレスの名前は「アンチ・アレース」からきた、「火星に対抗するもの」または「火星の敵」という意味だ。

❷火星の見かけの大きさ
火星が月のすぐ近くを通りすぎたときの光景で、火星の見かけの大きさがいかに小さく、その表面の模様が見にくいかがわかる。これでも火星が地球に接近したときの大きさなのである。

❸これからの接近
接近ごとに地球と火星間の距離が違うため、火星の見かけの大きさは接近ごとに変わり、15年ごとに大接近と小接近が繰りかえされることになる。

❹これからの火星
地球と火星の接近は、2年2か月ごとにくりかえされるが、そのたびに接近距離が違う。これは、地球の円軌道にくらべて火星の軌道がずっといびつになっているためだ。

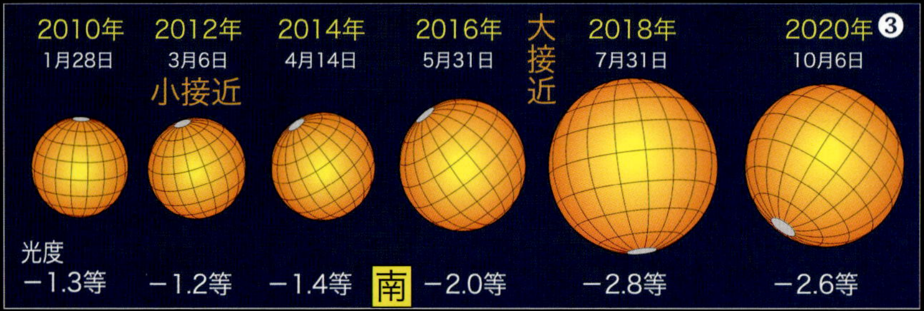

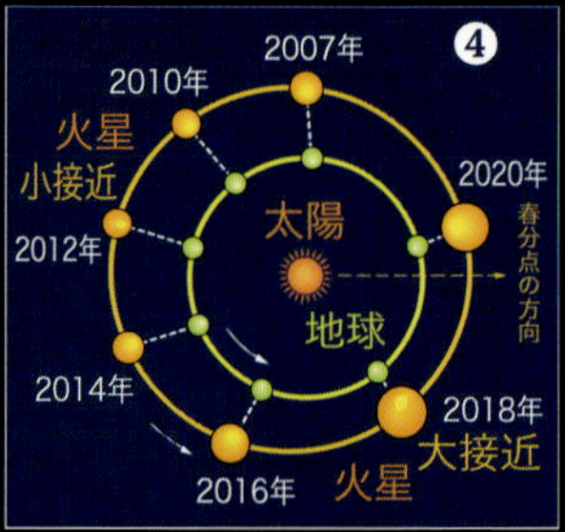

❺

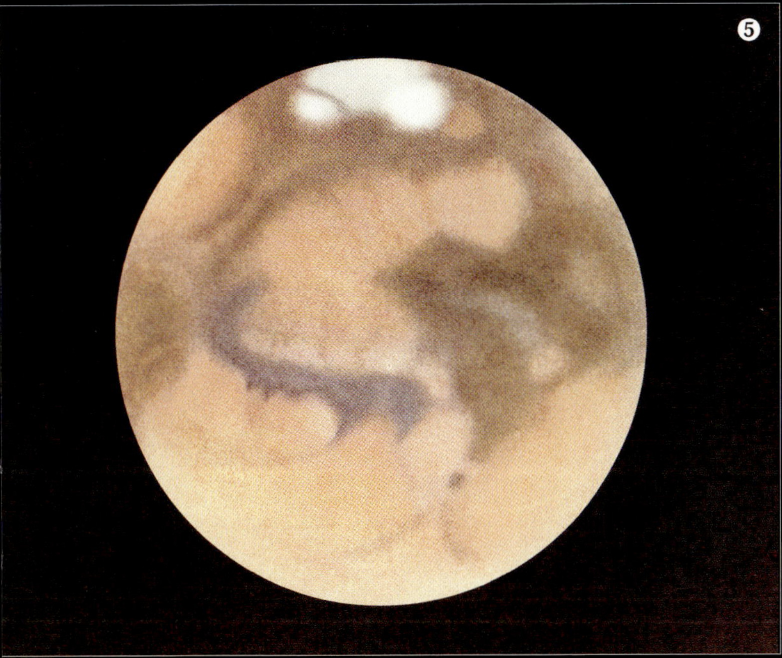

❻

❺火星面のスケッチ
ふだんの火星は見かけの大きさが小さめなので、天体望遠鏡を使ってもその表面の模様が見にくいが、接近したときは見やすくなる。それも15 年ごとの大接近時が観測好期となる。上に見える白い部分が南極冠。天体望遠鏡では像が逆さに見えるため、上が南となる。

❻火星の模様
火星の自転周期は地球より40 分ほど長めで、天体望遠鏡でしばらく見ていると自転につれて模様が移り変わるのがわかる。接近したときには、表面の薄暗い大きな模様である大シルティスなどが小さな望遠鏡でもよくわかる。

❼

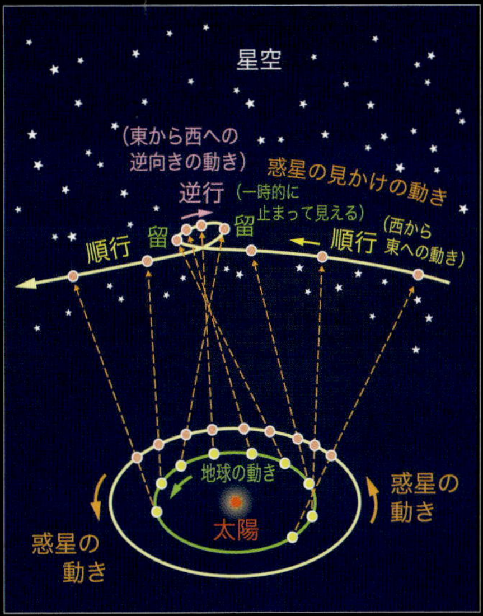

❼惑星が星空を動いていくわけ
火星をはじめとする惑星たちは、行ったり戻ったりしながら星空を動いていくように見える。これは動いている地球から動いている惑星を見ていることによるものだ。

❽火星の星空での動き
地球に接近してくる火星の星空での動きをとらえたもので、火星の位置や明るさの変わるようすが、おうし座のヒアデス星団やプレアデス星団を目じるしにするとよくわかる。

❽

し、現在の火星環境に人間にとって好都合なものは何も見あたらないのが惜しまれる。ただ、希薄な二酸化炭素の大気を、少しずつ酸素を主成分とする濃い大気に変え、地下に閉じこめられていることが可能だと考えられている。もちろん、そのためには 1000 年以上の歳月が必要だろうとされてはいるが…。

❶

❷

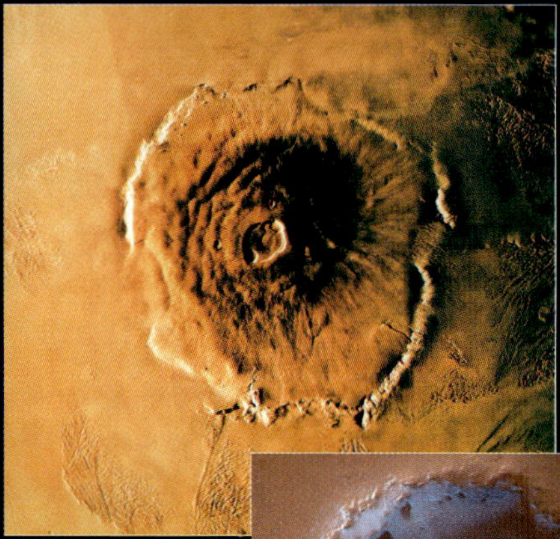
❹

❺

❸

❶赤い火星
火星が赤みをおびて見えるのは、地表が酸化物を含む赤茶けた鉄サビのチリでおおわれているためだ。二酸化炭素を主成分とする大気は極端に薄く、平均的気温−60度という環境は、人間にはなじみにくいものだ。
❷過去の火星世界
現在の地表はカラカラに干からびているものの、かつては大海原が広がり、生命も存在したらしいと考えられている。
❸現在の火星
赤い大地が広がるだけの惑星だが、地下にはかなりの量の水の存在があるらしいことが明らかにされつつある。中央付近に幅40km、全長4000kmの大峡谷マリナー谷が横たわっている。
❹オリンポス山
❺クレーター内の氷
❻未来の火星基地
火星をめざす人類は、2030年代には火星へ降り立つことになるかもしれない。
❼水の流れの痕跡
地下から最近しみ出してきたと思われる水の痕跡も見つかっている。
❽火星探査車の活躍
次々と探査機が送り込まれ、火星は我々にとってますます身近な惑星となってきている。
❾火星から飛来した隕石
地球の南極で発見されたもの。

小惑星たちの大群

火星と木星の軌道は少し離れているが、じつは、その間にはミニ天体の小惑星の大群がただよっていて、「小惑星帯メインベルト」とよばれている。形の不規則な岩石質のものに混じって、小さな彗星のようなものや、直径 95km もある準惑星のケレスのような大物もあるが、それらをすべて寄せ集めてみても、地球のわずか 2000 分の 1、月の 25 分の 1 くらいの重さにしかならない。これらの小天体は、太陽系誕生のときに惑星としてひとかたまりになりきれなかったものかもしれず、その点で、小惑星たちは太陽系誕生当時の情報を内に秘めた化石天体とも考えられている。なお、2010 年現在、軌道の確定した小惑星は 25 万個をこえ、軌道の未確定のものは数十万個におよんでいる。

❶

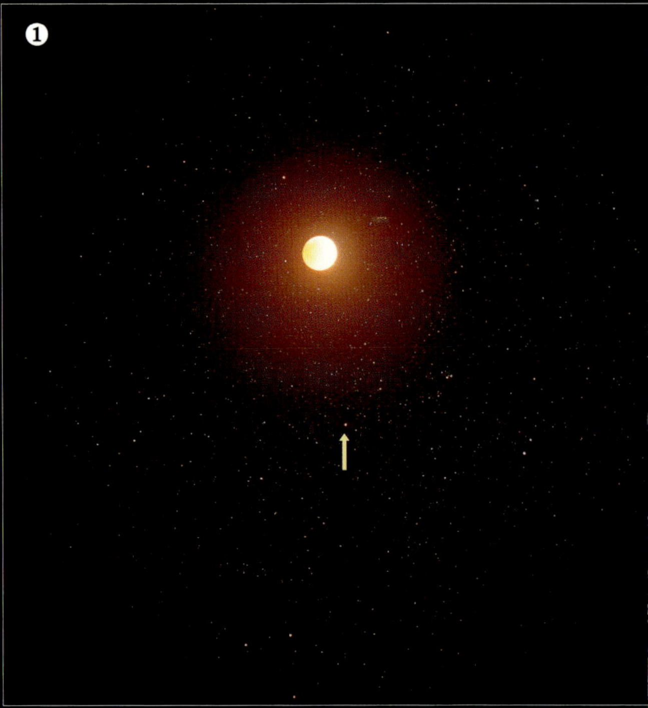

❷

❸

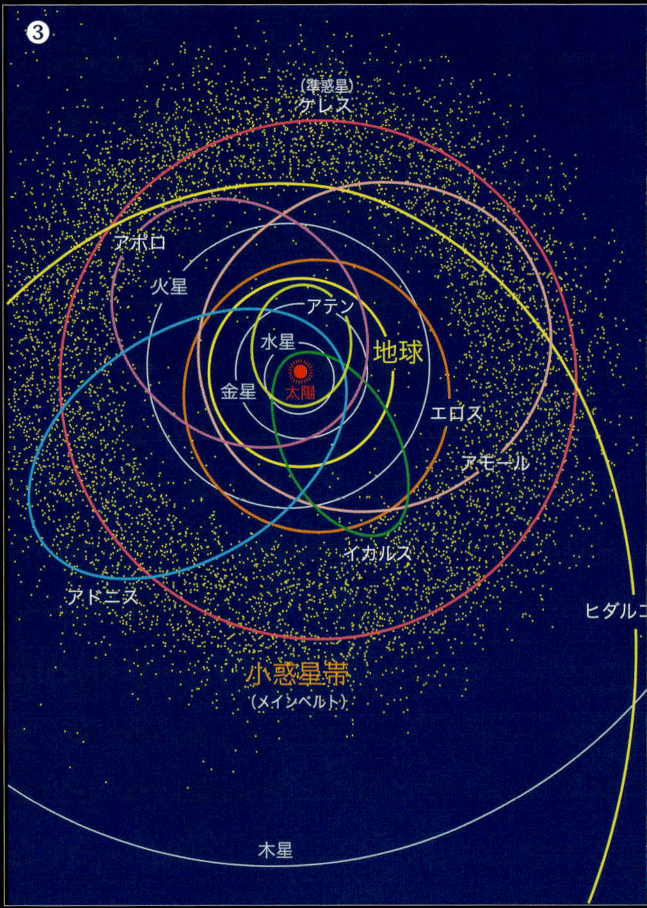

❶皆既月食中の月と小惑星4 番ベスタ（矢印）
直径516km のベスタは、準惑星ケレスや直径920km の小惑星パラスに続き、メインベルト中では3 番目の大きな小惑星だ。これは皆既月食中の月のすぐそばで5.4 等級の明るさになり、肉眼で見えたときのようす。

❷小惑星3200 番ファエトン
地球に接近する小惑星の移動は速い。写真には、20 分間に動いたファエトンが線状に写っている。ファエトンはふたご座流星群の母天体と考えれており、かつては長い尾を引いた彗星だったのかもしれない。現在は干からびて核だけになって、小惑星のように見えているものらしいといわれる。

❸小惑星のメインベルト
小惑星の中には、地球軌道の内側に入りこんでくるものや、木星の軌道のはるか外側にまで出ていくような軌道をとるものもあり、このようなタイプはもともと彗星だったのかもしれない。実際、メインベルト中には彗星も案外多いらしく、淡い尾を引くものも見つかっている。

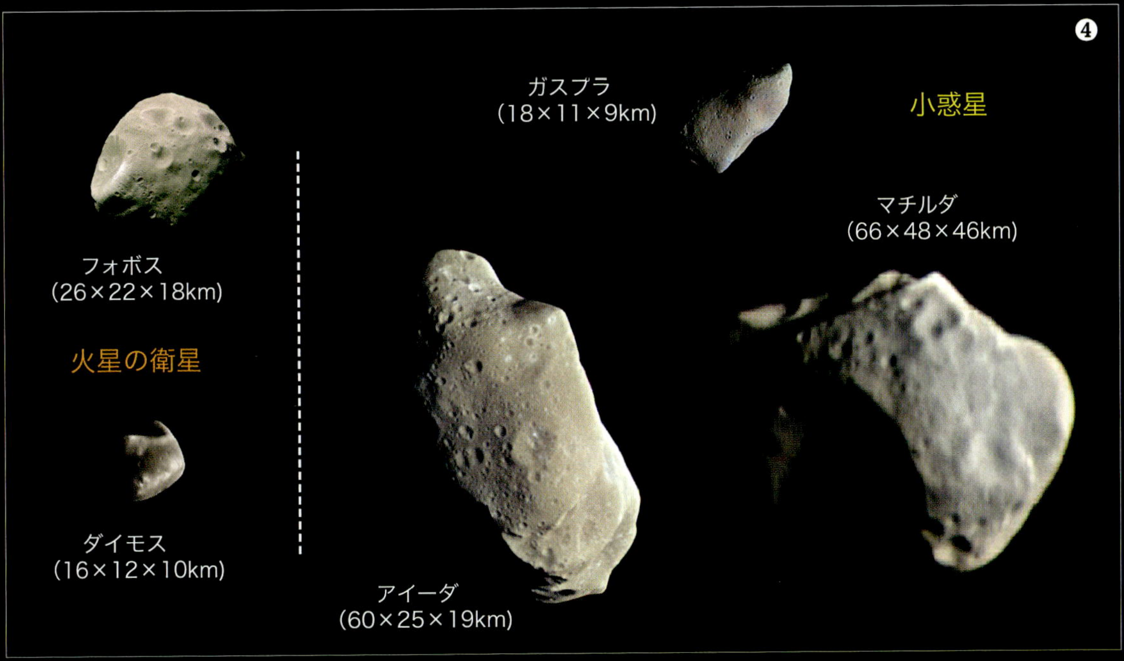

❹小惑星の大きさくらべ
火星の2 つの小さな衛星も、火星の引力にとらえられてしまった小惑星なのかもしれないといわれる。

❺小惑星433 エロス
5.3 日で自転するこの小惑星の形は細長く、望遠鏡で見ていると明るさを変えるのがよくわかる。

❻小惑星ベスタから飛来した隕石
小惑星どうしの衝突で小惑星帯から飛び出したかけらが隕石となって地球に落ちてくることもある。

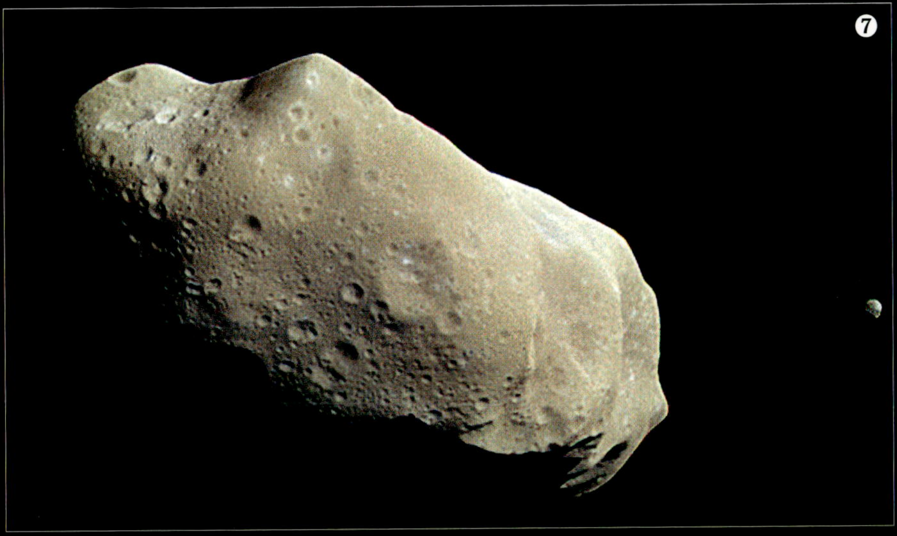

❼小惑星243 番のアイーダ
大きさ60 ×25 ×19km の小惑星アイーダには、およそ20 億年前の天体衝突で離れ飛んだミニ衛星ダクチルが回っている。小惑星の中にはこのように衛星をもつものが多い。

太陽になりそこねた巨大ガス惑星・木星

－３等級に近い素晴らしい明るさで夜空に輝いて見える木星は、太陽系最大の惑星で、その直径は地球の11倍、体積は1300倍もある。ただし、その巨体ぶりのわりには軽く、重さの方は地球の320倍にしかならない。これは岩石質の地球と違い、木星が太陽に似て、軽い水素ガスなどでできているためだ。もし、木星がもう少し重く生まれついていたら、中心部で核融合の火がともって、太陽系第２の太陽となり、赤くにぶい光を放つ“恒星”になっていたのかもしれないのである。

❶

❷

❸

❹

❺

❶木星
地球の直径の11倍もある巨体を、わずか10時間たらずで1回転させるため、赤道部分がふくらみ、東西方向に流れる雲が縞模様をつくっているのが小望遠鏡でもよくわかる。
❷木星世界をさぐるガリレオ探査機
木星の周囲をめぐりながら、木星やその衛星たちの詳しい観測を行った。
❸木星とその衛星たち
左側の大赤班と重なるのが活火山のあるイオで、右側が氷の表面の下に海があるとされるエウロパ。地球と月の関係と違い、衛星にくらべて木星がいかに巨大な惑星であるかがうかがえる光景だ。
❹木星の大赤斑
望遠鏡で木星面を見て目につくのは、ピンク色をおびた「大赤斑」とよばれる楕円形の模様で、その実際の大きさは地球3個が入ってしまうほどの巨大さだ。反時計まわりに回転する高気圧性の渦巻きで、もう300年以上も消えることなく観測され続けている。
❺海のあるエウロパ
氷の割れ目から、地下の赤い海水がしみ出しており、エウロパの地下には海があって生命が存在する可能性がとりざたされている。
❻木星のガリレオ衛星たち
木星の周囲には大小63個もの衛星たちがめぐってるが、そのうち4個は小さな望遠鏡でも見え、ガリレオが発見したところから「ガリレオ衛星」ともよばれている。中でもガニメデが大きく、惑星の水星よりも大きい。数字は木星の周囲をめぐる公転周期をあらわしている。
❼活火山のあるイオ
ガリレオ衛星のうち、一番内側をめぐるイオは、木星の強力な重力でもまれ続けており、そのため内部が熱く、活発な火山活動を起こし噴火が続いている。

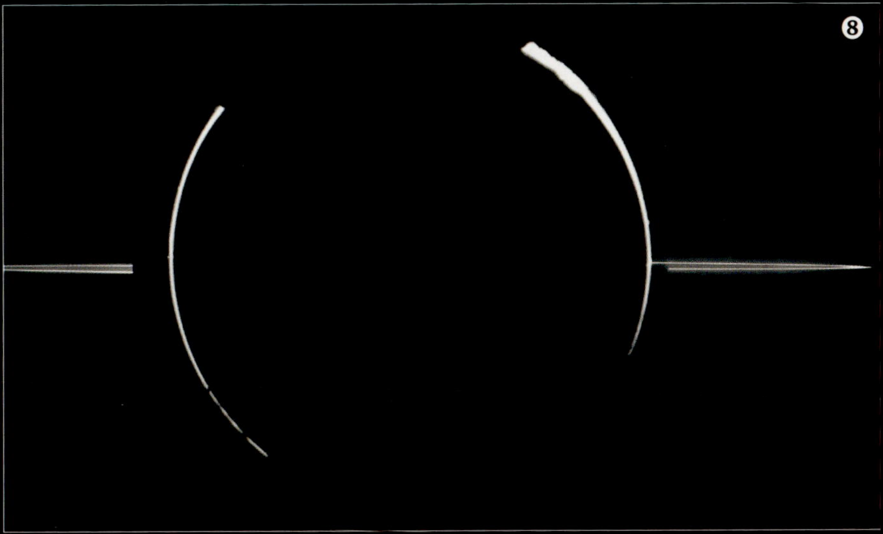

❽木星のリング
土星のリングのように望遠鏡では見えないが、木星にもごく淡いリングがとりまいているのが探査機によって発見されている。これは木星の夜の側から太陽光を透かして見たリングのようす。

神秘的な環をもつ土星

小さな望遠鏡でもよくわかる環をもつ土星の姿は、思わず声をあげ見入ってしまうほど神秘的なものといえよう。その環は、一見、板のようなイメージで見えてしまうが、無数の氷片が土星の周囲をめぐっているというのが正体だ。幅が地球を5個並べられるほどもあるので、太陽光を反射してあんなにあざやかに見えるというわけである。ただし、厚さは100mにもならない極薄なので、地球から環を真横から見ると全く見えなくなり、およそ15年ごとに「環の消失」という現象が起こることになる。

❶土星
地球の直径のおよそ10 倍、木星と似た巨大なガス惑星で、地球から見ていると、環の傾きがおよそ30 年を周期として年々変わるため、毎年のように環のようすが変化して見える。

❷

❸

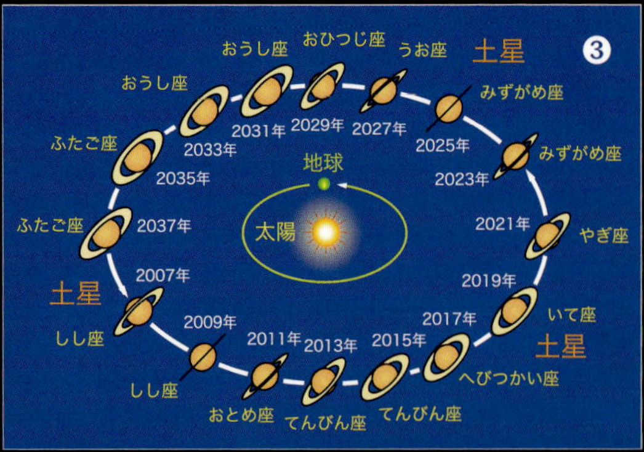

❷土星環の変化
毎年のように環の傾きが変わる様子は、小さな望遠鏡でもよくわかる。
❸土星環のこれからの見え方
およそ30 年をひとめぐりとして環の南面が見えたり北面が見えたりの変化をくりかえす。

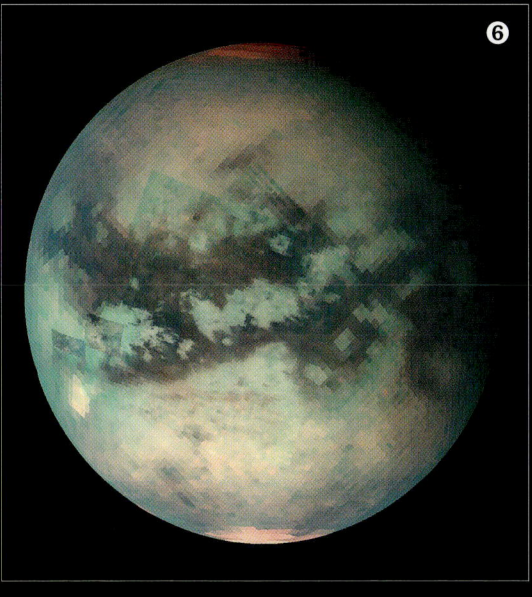

❹エンケラドスの間欠泉
直径250km の小型衛星ながら、氷火山のような噴出物が高さ数百m にまで吹き上がっているのがわかる。

❺奇妙なヒペリオン
長径350km 楕円形をしたこの衛星の表面は、まるでスポンジのように見える。

❻土星の衛星タイタン
64 個の大小の土星衛星中最大のもので、木星のガニメデに次ぐ太陽系2 番目の大型衛星だ。濃い大気に包まれ、その地表にはメタンの海が広がるなど、原始地球の姿に似ているといわれ、生命の存在さえとりざたされている。

❼タイタンの地表
着陸したホイヘンス探査機がとらえたもので、水や有機物のかたまりがごろごろ転がっているようすがわかる。

❽土星環の消失
およそ15 年ごとに環を真横からながめるようになるため、一直線となって見えなくなってしまう。

土星環の正体

土星の最大の魅力は、土星本体より、土星を愛らしい麦わら帽子をかぶったような姿に見せてくれる不思議なリングの方にあるといっていいだろう。その環は、氷衛星どうしが衝突してこなごなに砕けたものとか、45 億年前から存在したとか、将来は消え失せてしまうだろうとかさまざまに議論されているが、数 cm 大の氷の粒子、こな雪かぼたん雪くらいの意外に小さなおびただしい氷片が土星の周囲をめぐっているらしいことは確かなようだ。

❶土星をさぐるカッシーニ探査機
土星の周りを4 年以上にわたって周回し、土星世界のようすをさぐっている。
❷土星の姿
地球からは見られない、真上あたりからながめた土星の姿。本体の影が環にのびている。
❸土星環のアップ
小さな望遠鏡で見える環は、幅広い環のみだが、さらに探査機で接近してみると、無数の細い環の集合体であることがわかる。
❹土星とその環（想像図）
おびただしい氷片の群れのため、土星の環は木星や天王星、海王星のものにくらべて非常に明るく見える。

4

横だおしの氷惑星

メタンの厚い雲に覆われている天王星の実態は、木星タイプのガス惑星と違い、本体は巨大な氷でできていて、その点では地球の直径のざっと4倍もある「巨大惑星」といっていいものだ。変わっているのは、天王星がほとんど真横に倒れたままのかっこうで公転していることで、かつて他の天体に衝突され、ノックアウトされたように立ち直れず、それが原因で横だおしのままになっているのではないかといわれている。

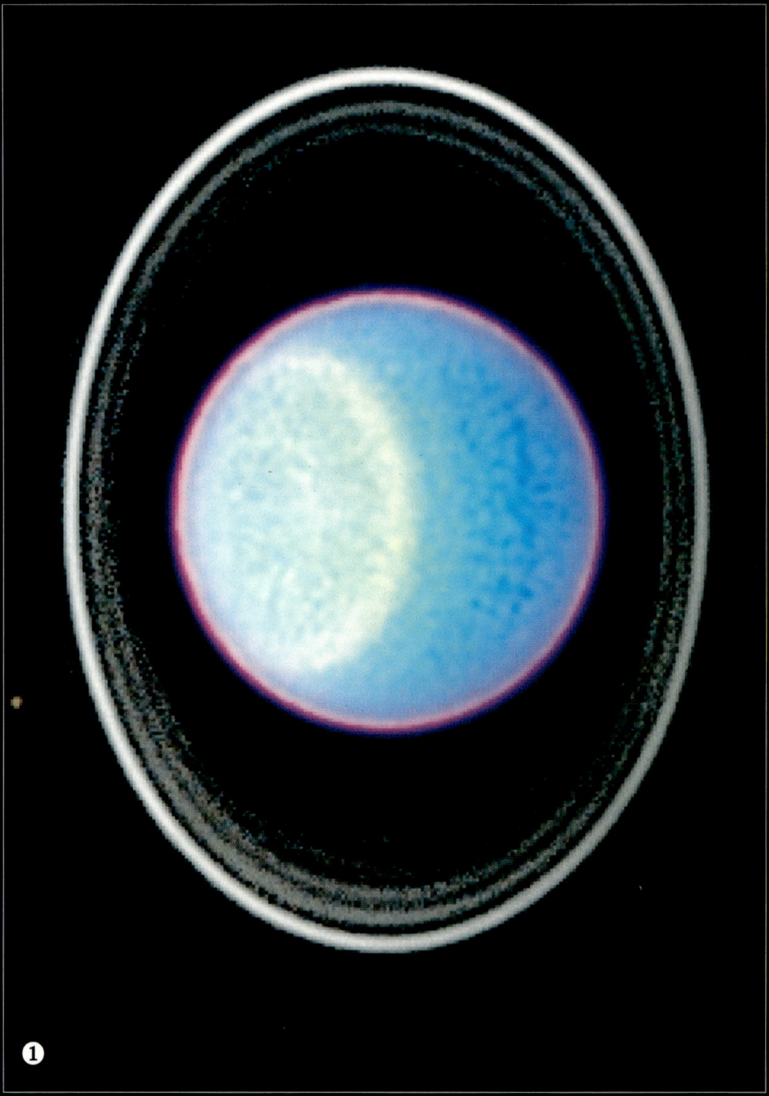

❶横だおしの天王星とそのリング
細い13本のリングも横だおしのままで、地球から望遠鏡で見えないのは、環が小さな粒子でできた暗いものだからである。

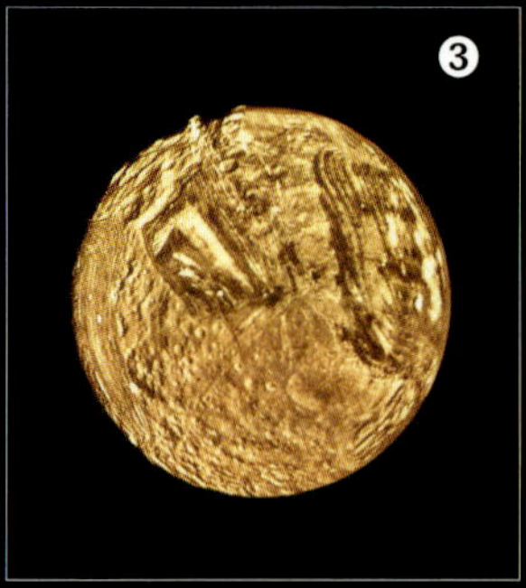

❷天王星のリングの変化
84年がかりで太陽のまわりを1周する。地球から見ると方向が変わるため、細い環などの向きが変化して見える。
❸天王星の衛星ミランダ
27個の衛星のひとつで、天体衝突などでいくつかに分裂して再び寄り集まったものらしく、複雑な地形となっている。

まだ進化の途中？の海王星

太陽系の惑星では最遠の海王星も、天王星に似た氷惑星で、成長が遅かったため、木星や土星のように原始太陽系円盤のガスが充分にかき集められず、氷を主成分とする微惑星のかたまりのような惑星となってしまったとみられている。成長中でまだ軌道さえはっきり定まっていないのかもしれないといわれる。

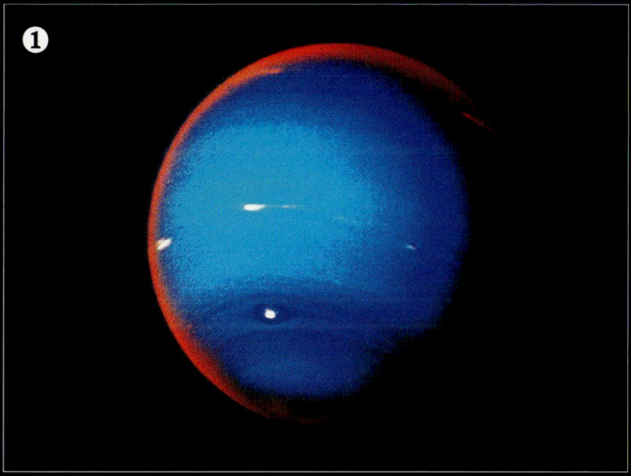

❶海王星
メタンの雲に高速の風が吹いているのは、海王星の内側にわずかながら熱源があるからなのだろうか。
❷海王星の大暗斑
木星の大赤斑によく似ているが、消えてしまうこともある。
❸海王星の衛星トリトン
半分がメロンの皮のような奇妙な表面になっており、氷火山の噴煙があちこちから上がって、黒っぽいしみをつくっているのがわかる。海王星の自転とは逆に回っている風変わりな衛星で、大昔、海王星に捕まってしまったのかもしれない。

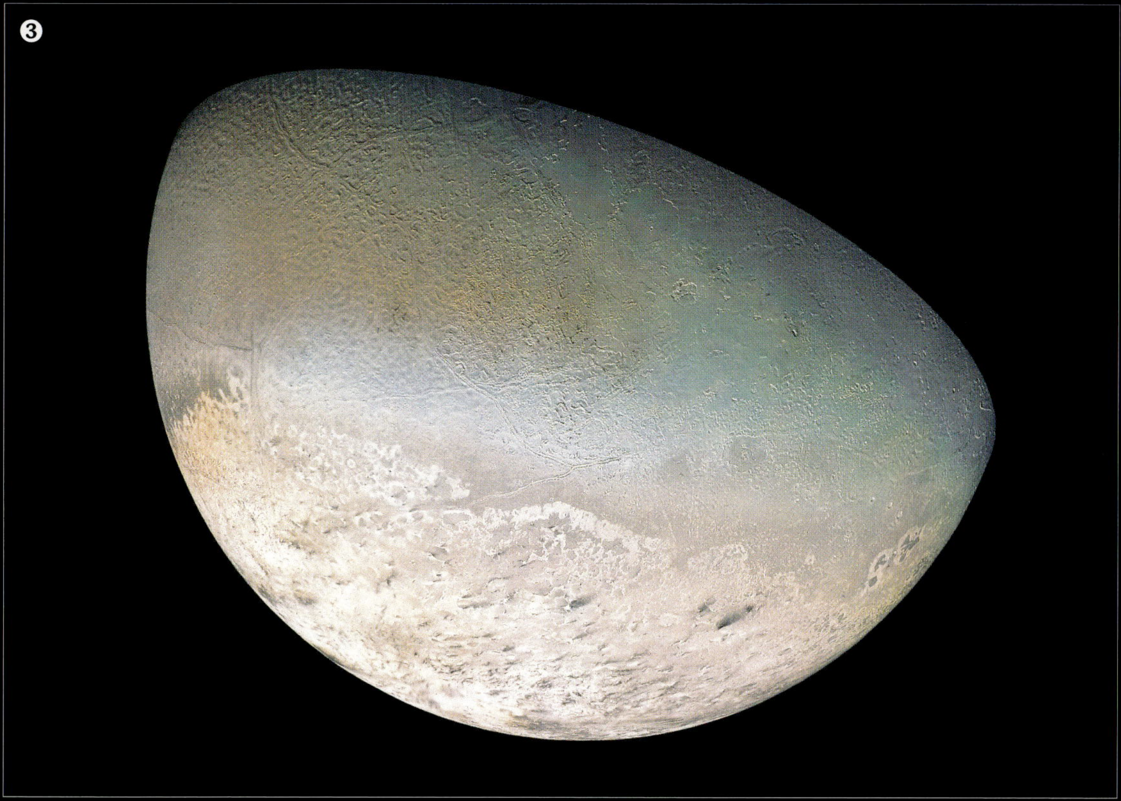

準惑星の冥王星と太陽系外縁天体たち

太陽系最遠の惑星は、かつて冥王星とされていたが、冥王星の周辺に続々と似たような天体が発見されるようになり、冥王星はそれら「太陽系外縁天体」中の大物のひとつで、惑星ではなく「準惑星」のひとつであることが明らかになってきた。そして、海王星の外側をめぐる太陽系外縁天体たちは、火星や木星の周囲をめぐる小惑星たちと同じく「太陽系小天体」ともよばれ、現在 1500 個も見つかっている。さらに観測が進めば、もっとはるか遠方に地球大の第 9 番目の惑星さえ存在するかもしれないとの期待もある。太陽系は、まだまだ広がる可能性があるというわけである。

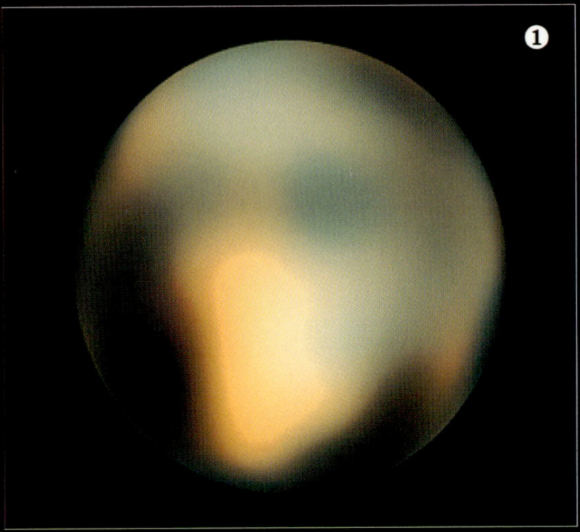

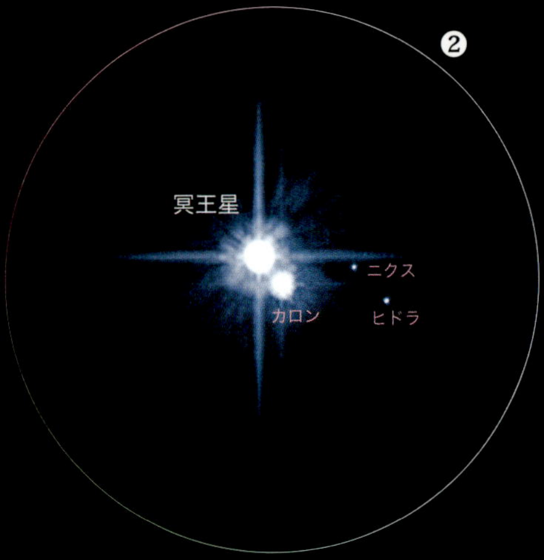

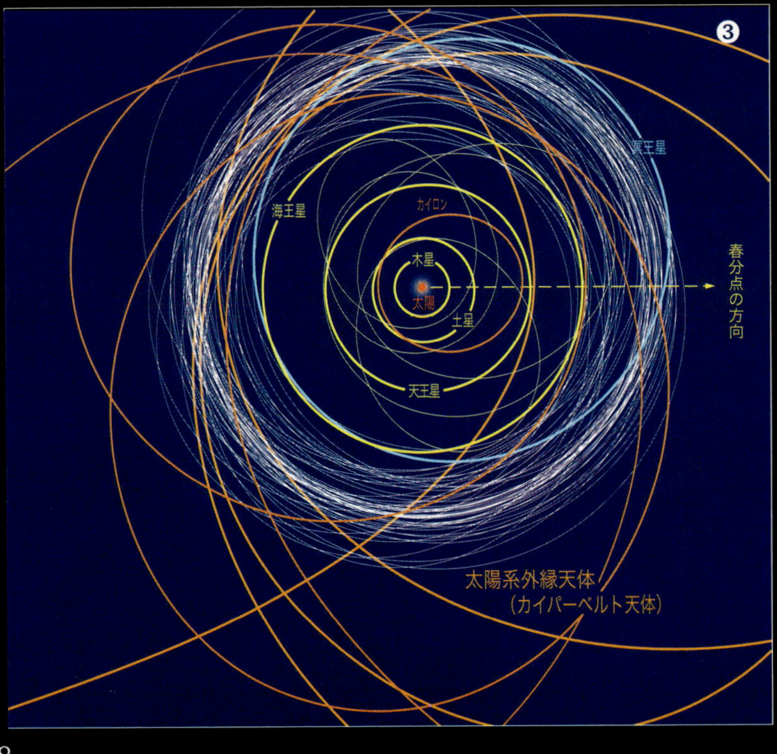

❶冥王星
現在、探査機ニューホライズンが向かっており、2015 年に到着予定。
❷冥王星の3 個の小衛星たち
❸太陽系外縁天体たちの軌道

❹太陽系外縁天体たちの大きさくらべ
かつて太陽系内でつくられた小天体たちが、大きな惑星たちの重力ではじき飛ばされ、太陽系外縁や、さらに遠くその外側で太陽系をとりかこむ、彗星の巣ともいえる「オールトの雲」を形づくったのではないかと考えられている。太陽系外縁天体の中で大型のものは「冥王星型天体」分類され、直径 100km を超えるものだけでも4 万個はありそうだとみる説もあり、この先どんな異色のものが発見されるか、余談を許さないといえよう。

太陽系外縁天体の
グループ（約1400個）
（太陽系小天体にふくまれる）
クワオワ
1250km
セドナ
1500km
準惑星のグループ
❹
（外縁天体の準惑星は
冥王星型天体ともよばれる）
ハウメアの
衛星
ハウメア
2000km×1000km
エリスの
衛星
エリス
2400km
冥王星の
衛星
カロン
1200km
冥王星
2390km
マケマケ
1800km
（小惑星帯を
まわっている）
ケレス
952km
月
3476km
（地球の衛星）
地球
12756km
（惑星）

火星人の襲来で大パニック！？

つい最近、隣国が攻め込んでくるというニュースが流され、驚いた人々が逃げまどうという“事件”が起こったと伝えられた。もちろん、冗談まじりの誤報だったらしく、踊らされた人々がカンカンになって怒るようすが映像で流され、現在の情報社会でさえそんなものかとこちらも驚かされてしまった。というのは、かつて、これと似たような事件がアメリカでも起こったことがあったからだ。

事の発端はこうだ。1894年以来、私財を投じて建てた天文台で火星の観測を始めたパーシバル・ローウェルが、火星面に見える無数のスジ状構造は、知的火星人の建設した運河であると主張してゆずらず、その火星の運河論争は社会的関心を集めることとなり、H.G. ウェルズが1898年に発表した火星人襲来をテーマにしたSF小説「宇宙戦争」は大ベストセラーになってしまった。そして、このSF小説は1938年にアメリカでオーソン・ウェルズによってラジオドラマ化されることにもなった。ところが、彼の実況中継仕立ての演出が真に迫りすぎていたため、聴いていた人々はそれを真実と思いこみ興奮し、恐怖心から大パニックが起こり、逃げまどう人々が出る始末となった。番組の途中で「これはドラマです」と4回もことわりを入れたというのにである。

今や火星世界に地球から送り込まれた探査車が走りまわる時代となって、火星人どころか生命らしい痕跡さえ見つかっていないが、それでも地球の生命の素は、かつて火星世界から飛来したのかもしれないとする説も科学的に論じられている。

パーシバル・ローウェル（1855-1916）
明治16年（1883年）に初来日以来、10年間に4度も訪れ長期滞在した親日家。

人気を博した火星人のイメージ
知的生命体と考えられ、頭の大きな姿となっている。

彗星と流星

星空の旅人彗星と流れ星の一瞬の輝きの深い関係

●ヘール・ボップ彗星（C/1995O1）
太陽系の果てオールトの雲から、はるばる数百万年の時代をかけ姿を見せる華麗な彗星たちとの出会い。その文字通り一期一会のチャンスが天文ファンたちの心を踊らせる。

星空の旅人“彗星”

どこからともなくやってきて、星座の間を動いていき、やがて姿を消していく彗星は、まさに星空のトラベラー（旅人）と呼ぶにふさわしい天体といえよう。彗星の中には長く尾を引いて夜空にかかり、見る人を驚かせるようなものもあるが、そんな大彗星は 10 年に一度出現すればよい方で、毎年 100 個以上見つかる彗星の大部分は、高性能の天体望遠鏡でさえやっと見えるくらいの淡く小さなものばかりというのが本当のところだ。

❶1577 年11 月12 日の大彗星
C/1577V1 のスケッチ　デンマークの天文学者ティコ・ブラーエによって、彗星が月よりも遠くにある天体のひとつと初めて明らかにされたもの。

❷長大なチリの尾をたなびかせたC/2006P1 マックノート彗星
2007 年1 月20 日、南半球の夕空に史上最大級の姿となって見えた大彗星で、明るさは−6 等級に達し、頭部は昼間の青空の中でも見えた。次に戻ってくるのはおよそ9 万年後となる。

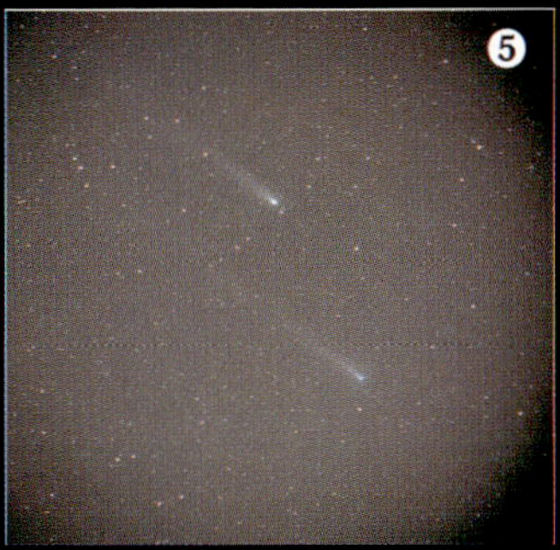

❸長大な尾を引いたC/1996B2百武彗星
百武裕司さんによって発見されたこの彗星は、地球に接近したこともあり、全長100度を超える長大な尾をたなびかせた肉眼大彗星となって天文ファンたちを驚かせた。
❹短い尾を引いたC/1990K1レビー彗星
明るく長い尾を引くばかりでなく、尾のごく淡い短いものもある。
❺分裂した73P/SW第三周期彗星
周期5.4年でめぐるこの彗星は、1995年秋に大分裂、2006年に戻ってきたときには、2個の彗星となって並ぶのが双眼鏡でよく見えた。
❻大増光した17P/ホームズ彗星
周期7年でめぐるこの周期彗星のふだんの明るさは17等級のかすかさだったが、2007年5月25日に突然バーストを起こし、40万倍も明るくなってペルセウス座に肉眼彗星となって見えた。およそ100年前にも急増光した前歴を持つもので、尾はほとんど見えなかった。

彗星のなりたち

長い尾を引く見事な大彗星から、ほとんど尾のない小さな彗星まで、その明るさや尾の長さはじつにさまざまだが、小さな核とそのまわりにひろがるコマが頭部を形づくり、そこから太陽の反対方向に尾がのびるという点では、その成り立ちは共通している。コマや尾が大きく見えるようになるのは、太陽に近づいてからのことになる。太陽にあぶられて核の物質が蒸発し、コマや尾になるのだ。

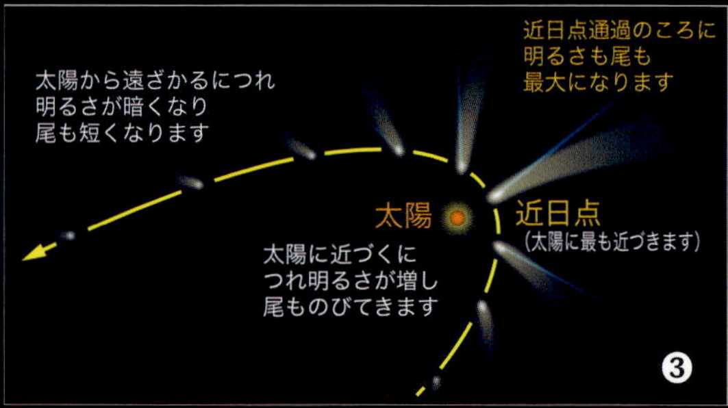

❶オーロラと彗星の尾
太陽から吹きつける電気をおびた粒"太陽風"が、オーロラを輝かせたり、彗星の尾を吹き流しのように太陽の反対方向にたなびかせる。
❷吹き付ける太陽風
太陽から吹きつける高速の太陽風によって、彗星の尾は必ず太陽の反対方向にのびる。彗星の進行方向の反対方向にのびるわけではないのだ。
❸太陽の反対方向にのびる彗星の尾
彗星の尾はいずれも太陽の反対方向に伸びるが、青いイオン（プラズマ）の尾は太陽風によってまっすぐに伸びる。明るいチリ（ダスト）の尾は、ダストにかかる太陽の光圧によってゆるやかにカーブする。

❹C/1995O1 ヘール・ボップ彗星の尾
彗星にはふつう青いイオンの尾（ガス）とゆるやかにカーブしたチリの尾の２本の尾がのびるが、ヘール・ボップ彗星では第三のナトリウムの尾も見つかった。しかしこれは肉眼では見えない。

周期的に姿をあらわす彗星たち

地球をはじめとする惑星たちの軌道は、ほぼまん丸といっていいものだが、彗星の軌道は細長い楕円軌道あり、放物線軌道あり、双曲線軌道ありとさまざまだ。このうち放物線と双曲線軌道のものは地球に再接近することがなく、一度だけの出会いとなってしまうが、楕円軌道のものは周期ごとに太陽の近くに戻ってくる。これが「周期彗星」とよばれるもので、おもに木星などの強力な重力によってその軌道を楕円に変えられ、太陽を周回するようになったものが多い。

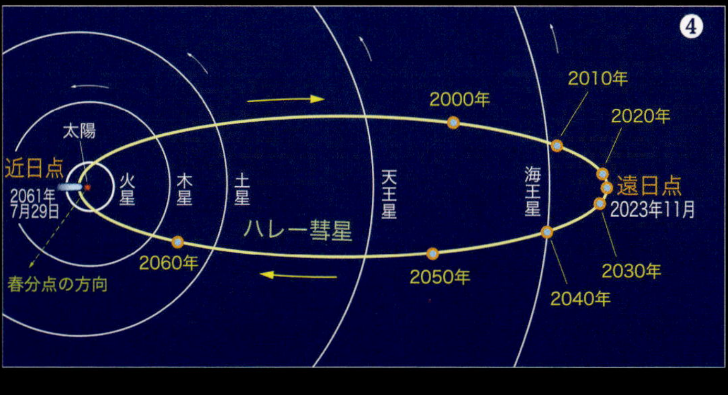

❶ 21P/ ジャコビニ・チンナー彗星
6.6 年の周期でめぐる短期周期彗星で、かつてジャコビニ流星雨を出現させた前歴をもっている。

❷ 109P/ スイフト・タットル彗星
周期およそ 135 年でめぐる周期彗星で、夏のペルセウス座流星群を出現させる母天体として知られる。流星群の流星の正体は、彗星が放出したチリだ。

❸ 1P/ ハレー彗星
周期およそ 76 年でめぐるもので、周期彗星の中では最も明るくなる人気彗星。歴史上何度も接近の記録がある周期彗星であることを明らかにした、イギリスのグリニッジ天文台長 E・ハレーにちなんで名づけられたものだ。これは 1986 年に回帰したときの姿。

❹ 1P/ ハレー彗星の軌道
次回は 2061 年夏、北の空に現れ、0 等級の明るい彗星となって見られるはずだ。

彗星の正体

　星空に数十度もの長大な尾を引く彗星を目にすると、巨大な天体であることをイメージしてしまうが、彗星本体の“核”の大きさは、ふつう直径10km前後くらいのもので、小型のものは数km、大物でも30〜40kmくらいのものだ。天体としては非常に小さい部類だが、それが太陽に近づいて蒸発するとあんなに長大な尾をたなびかせるわけで、彗星ほど見かけだおしの“針小棒大”な天体もないというわけだ。その核の実態も、汚れた雪玉のような頼りないものとみられている。

❶こわれやすい彗星の核
もろくてこわれやすい彗星の核は、しばしば分裂するのが観察される。これは73P/シュワスマン・ワハマン第三周期彗星が崩壊していくようす。
❷ディープインパクトの瞬間
9P/テンペル第1彗星の核に彗星探査機の子機を衝突させて、その内部をさぐる試みが行われた。核は、太陽系が誕生したころの原始太陽系星雲の成分を閉じこめた、太陽系の化石天体というのがその正体らしい。
❸ 1P/ハレー彗星の核
およそ7×15kmほどのジャガイモのような形をしており、その表面からチリやガスが激しく蒸発、これが長い尾となってのびるのがわかる。

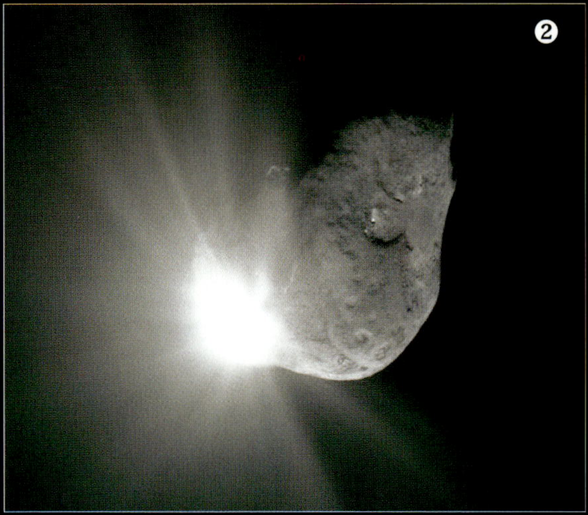

彗星のふるさと

太陽系の外縁天体たちより、さらにずっと遠く、太陽から1光年（秒速約30万kmの光の速さで1年かかる距離）も離れたあたりに、太陽系全体をふんわり丸く取り囲むようにおびただしい小天体たちが浮かんでいるらしいと考えられている。提唱者のオールト博士にちなみ「オールトの雲」とよばれているもので、これが彗星たちの故郷と考えられている。太陽系誕生のころにできた無数の微惑星たちが、大惑星たちの重力ではじき飛ばされ、オールトの雲を形づくったらしく、何かのきっかけでここを離れたものが、数百万年もの時間をかけて太陽系に近づき、蒸発させられて尾を引く彗星となって見えることになるというわけだ。

❶ C/1996B2 百武彗星の頭部
核を包むようにぼんやり広がっているのが、彗星の一時的な大気ともいえるコマで、水を分解してできる水素原子が主な成分だ。その中には生命の誕生に必要な成分も含まれていて、もしかすると彗星は生命の運び屋のような役割をしているのかもしれない。

❷ C/1969Y1 ベネット彗星
はるか遠くのオールトの雲から初めて太陽に接近する大型の彗星は、大量のチリやガスを放出して明るく長い尾を見せてくれることが多い。－3等級になったこの彗星は、太陽に、地球と太陽間の半分の距離まで近づいた。

❸ C/1995O1 ヘール・ボップ彗星
核の直径が40kmもある大彗星で、前回はおよそ5000年前に出現、次回は2400年後に戻ってくると予想されている。彗星の出現の周期は、このように少しずつ短くなっていくものがある。

流れ星の正体

星空を見あげていると、突然、明るい流れ星が横切って、驚かされることがある。といっても流れ星は夜空に輝いている星座の星ぼしが流れるわけではない。太陽系空間にただよう砂つぶほどの小さなチリが、秒速 10km ほどという猛スピードで地球の大気圏に飛びこんできて、発光するものだ。もちろん、そんな微小天体でも猛スピードで大気圏に突入してくると、チリの周りの熱くなったガスが蛍光灯のように明るく輝き、流星の光となって見える。小さなチリそのものが燃えて光るわけではない。

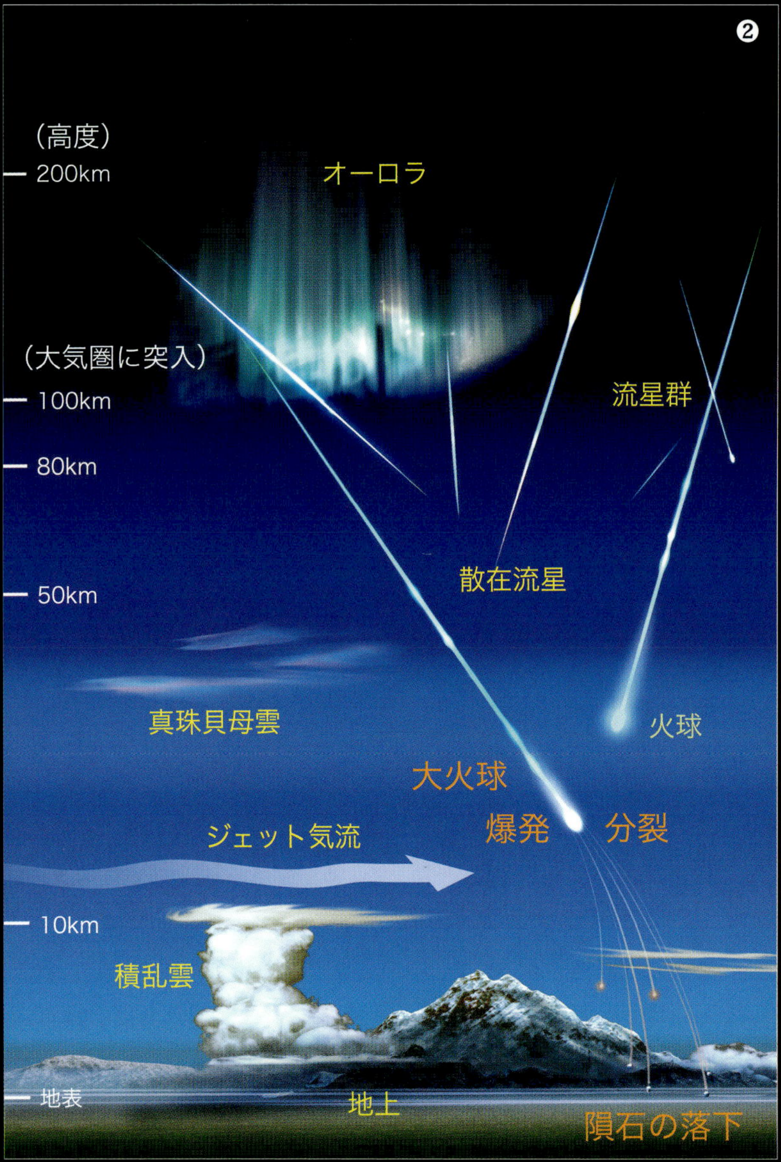

❶散在流星
流れ星の出現は気まぐれで、いつ、どの方向に飛ぶかの予想はむずかしい。ふだんの夜であれば、1時間に数個の流れ星を見ることができるが、その種の流れ星は「散在流星」とよばれ、どちらかといえば、地球の進行方向にあたる夜半後の方がいくらか多めに見られる。

❷流星の飛ぶ高さ
ふつうの流れ星は、100km 前後くらいの高さのところで光って消滅してしまうが、とくに明るい「火球」とよばれるものは、もっと低空まで入りこんでくる。そして、大音響をともなう満月クラスの明るさの火球になると、稀に地上に隕石となって落ちてくることがある。

毎年決まったころに出現する「流星群」

毎年決まったころ、ある星座の輻射点とよばれるあたりから、たくさんの流れ星が四方八方に飛びだすように見えることがある。「ペルセウス座流星群」とか「ふたご座流星群」などとよばれる「流星群」で、ペルセウス座流星群は毎年8月12日〜13日ごろ、ふたご座流星群なら12月14日ごろに出現がピークになる。出現数は流星群によって1時間あたり数個のものもあれば、50個以上という活発なものもある。一晩でたくさんの流星を見てみたいというのであれば、流星群の活動がピークになるころをねらって見るのがよいだろう。

これらの流星群を出現させるのは、周期彗星たちがその軌道上にまき散らしていったチリの群れで、彗星の軌道と地球の出会う場所が毎年決まったころになるため、流星群の出現時期も毎年同じころになるわけだ。（127ページ参照）

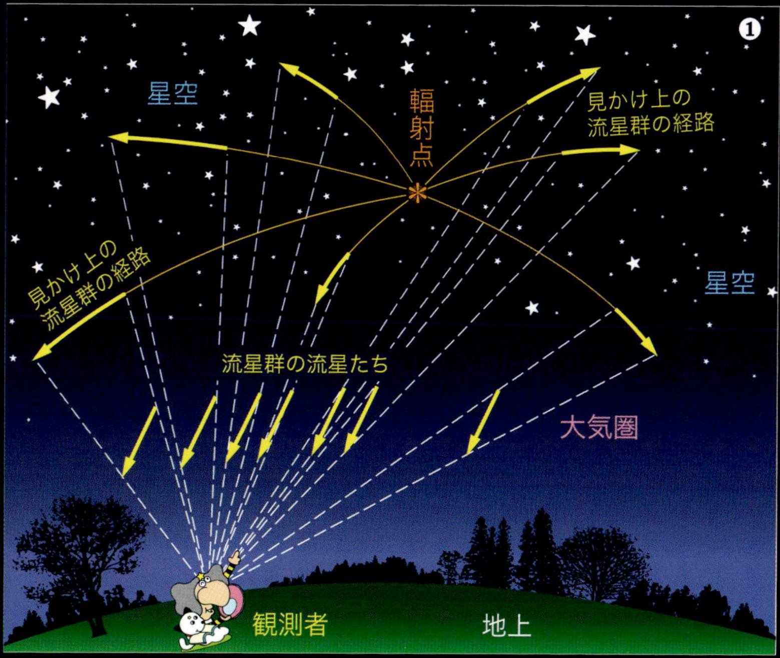

❶輻射点から飛びだすように見えるわけ
流星群の流星たちは、みな同じ方向から地球大気に飛びこんでくるのだが、それを地上から見あげていると、いかにも輻射点のあたりから四方八方に飛び出すように見えるというわけだ。

❷ペルセウス座流星群
毎年夏休みのころ、長期間にわたって出現する最も活発な流星群のひとつで、ピークの8月12日〜13日ごろには、夜空の暗く澄んだ場所であれば、1時間に50個前後の流星が見られる。輻射点はペルセウス座にあるので、ほぼひと晩中観測できる。

❸しし座流星雨
彗星がその軌道上にまき散らしていったチリの、とくに濃いかたまりに遭遇すると、流星群よりはるかに多くの流れ星が出現し、「流星雨」とか「流星嵐」とよばれるような、おびただしい流星の出現があり、夜空をおおいつくす。これは1833年のしし座流星雨の大出現のようすを描いた木版画。人々は「世界が火事だ」と泣き叫んだとも伝えられている。

隕石の落下

普通の流れ星とちがって、ケタちがいに明るい大火球の中には、雷鳴のような大音響を放って地上に落ちてくるものがある。その数は地球全体では毎年2万個近くになるのではないかとみられているが、そのほとんどは山奥や海に落下し、発見されるものはごくわずかにとどまる。その隕石には、大別して、石でできた「隕石」と鉄のかたまりの「鉄隕石」または「隕鉄」、それに石と鉄が混ざりあった「石鉄隕石」の３種類がある。日本国内では落下が目撃されたもの、後で発見されたものを合わせて、およそ 50 か所で見つかっている。

②

④

③

❶

⑤

❶隕石の落下
1947 年のシベリアのシホタアンリに落下した、重さ 100t ほどとみられる大隕鉄の落下のすさまじいようすを描いたもの。
❷こわれてしまった国分寺隕石雨
1986 年に香川県の坂出市から高松市国分寺町付近一帯にかけ、大火球が分裂して「隕石シャワー（雨）」となって降りそそいだ。幸い人的被害はなかったものの、コンクリートの駐車場に落下したもののような場合、このようにこなごなになったものが多かった。
❸薩摩隕石
重さが 9kg もある大きな隕石で、1886 年（明治 19 年）に鹿児島県の大口市付近に隕石雨となって落下したもののひとつ。隕石の表面は黒く焼けた溶融皮膜におおわれ、浅いくぼみにおおわれたような姿をしたものが多い。
❹玖珂隕鉄
鉄とニッケルの合金でできているのが鉄隕石とか隕鉄とよばれているもので、地上の鉄にはみられないものだ。研磨するとウィッドマンシュテッテン模様といわれる隕鉄独特の組織が現れるものが多い。隕鉄は発見される例が多く、この玖珂隕鉄は道路工事中に見つかった。
❺美しい石鉄隕石
大きなかんらん石の結晶が金属鉄の中に入りこんだ美しい構造をもつのが石鉄隕石で、数が少なく、日本では高知県に落下した在所隕石の一例があるだけだ。

隕石のふるさと

　これまで観測された大火球のうち、隕石となって落下したものの軌道を詳しく調べてみると、そのほとんどが火星と木星の間をめぐる小惑星帯のメインベルトからやってきたことが明らかになっている。つまり、ふつうの流れ星は彗星がまき散らしていったチリが起源だが、隕石となって地上に落下してくるものは、小惑星帯の中から飛び出してきたものというわけだ。小惑星どうしの衝突などによって多数の破片がその軌道からはずれ地球衝突へのコースをとるようになるというわけである。ただし、中には変わりダネもいて、月や火星から飛び出してきた「月隕石」や「火星隕石」というものもある。

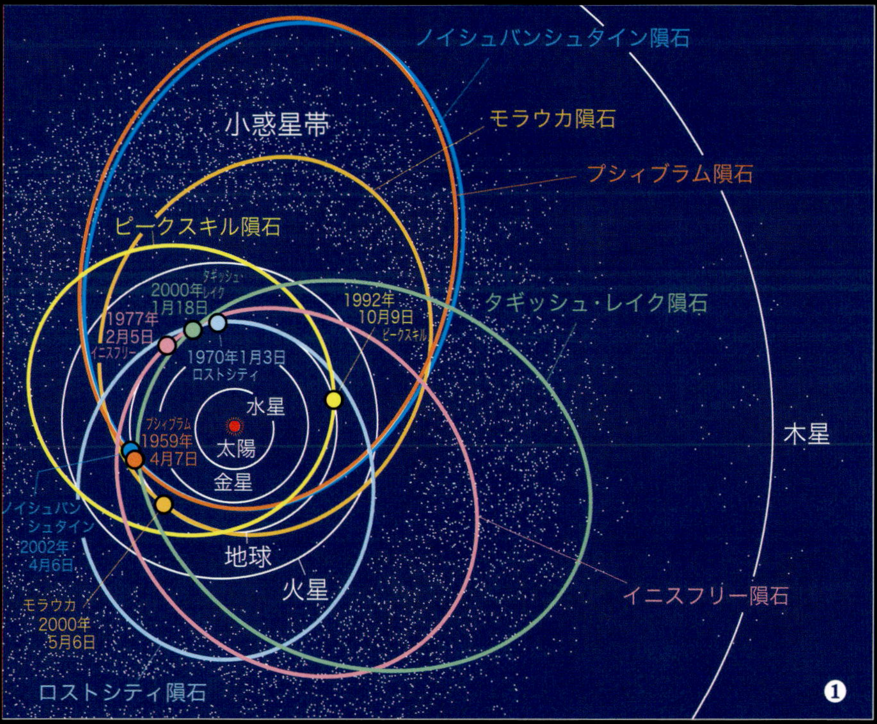

❶隕石たちの軌道
隕石となって落下した大火球のコースをもとにたどってみると、どれも小惑星帯からやってきたことがわかる。
❷炭素質球粒隕石の断面（アエンデ隕石）
石質隕石の大部分は、1mm大の小さなつぶを含む「球粒隕石」だが、中には太陽系の誕生前の赤色巨星や超新星爆発のチリなどを含む「炭素質球粒隕石」というものもある。これは太陽系誕生のようすを教えてくれるタイムカプセルのような始原的な隕石だ。
❸無球粒隕石（スタネルン隕石）
太陽系誕生間もなくのころできた微惑星では、重い鉄が中心にしずみ、軽い岩石質のものが表面に浮かんで“分化”が起こった。その微惑星どうしが衝突してこわれたものが、球粒のない「無球粒隕石」で、中心にしずんだ鉄の部分が「隕鉄」となったとみられている。そしてその中間で石と鉄が混ざりあったのが「石鉄隕石」というわけである。
❹鉄隕石（白萩隕鉄２号）
富山県の山奥の渓谷に落下した２個の鉄隕石のうちのひとつで、１号の方はけずられて流星刀がつくられた。人類が最初に鉄に接したのは隕鉄だったともいわれている。

天体の衝突でできたクレーター

小さな隕石の落下では、大きな被害になることはないが、もっと大きな天体の場合は深刻な状態になることがある。たとえば、今から6500万年前に地球に衝突した直径10km大の小惑星衝突では、当時全盛を誇っていた恐竜たちが、環境の激変のため絶滅するという大事件に発展したことが確実視されるようになっている。つまり、地球生命の進化に大きな影響を与えることになってしまったわけだ。そこまで大規模でなくともクレーターは地球上に多くつくられており、現在、180か所見つかっている。月面のクレーターにくらべて少なすぎると思われるかもしれないが、地球では侵食、風化によって古いクレーターが消えてしまうのがその原因だ。過去のものはともかく、将来も地球へぶつかってくる天体の危険性がなくなったわけではなく、その対策も考えられはじめるようになっている。

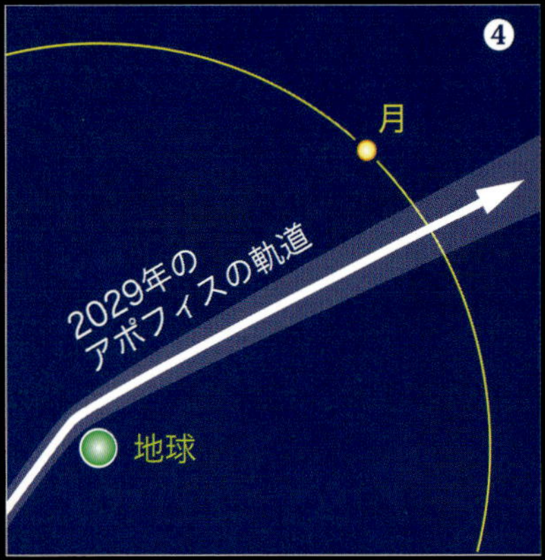

❶恐竜たちの絶滅
今から6500万年前の白亜紀の終りごろ、地上をわがもの顔で歩きまわっていた恐竜たちを絶滅に追いこんだのは、直径10km大の巨大隕石がメキシコのユカタン半島のあたりに激突し、地球環境を激変させてしまったため。地下に直径180kmのクレーターが、その証拠として残されているのが明らかになっている。

❷アリゾナ隕石孔
アメリカのアリゾナ州フラグスタッフの町に近いアリゾナ隕石孔は、およそ5万年前の衝突クレーターの跡で、直径1.2km、深さ180mの大きさがあり、周辺からは大量の隕鉄片が見つかっている。

❸ツングースカ天体の惨状
1908年6月30日の朝、シベリアのツングースカ上空に巨大な火の玉が飛来して大爆発。100km四方の森林の木々を放射状になぎ倒してしまった。大きさが60m大の小惑星か彗星のかけらが衝突したのではないかとみられている。

❹小惑星の大接近
地球衝突の危険性のある小天体はいくつか知られているが、中でも直径320mのアポフィスの動向が注目されている。2029年4月13日に地球に大接近した後の2036年の大接近での衝突確率は4万5千分の1とされている。

衝突する彗星の危険

小惑星も地球衝突の危険天体にはちがいないが、今のところ直径1km以上の危険天体は見つかっていないので心配ない。しかし、いつ現れるかわからず、気まぐれな軌道をとる彗星たちとなると話は別だ。事実、1994年と2009年に木星に激突した例が知られている。

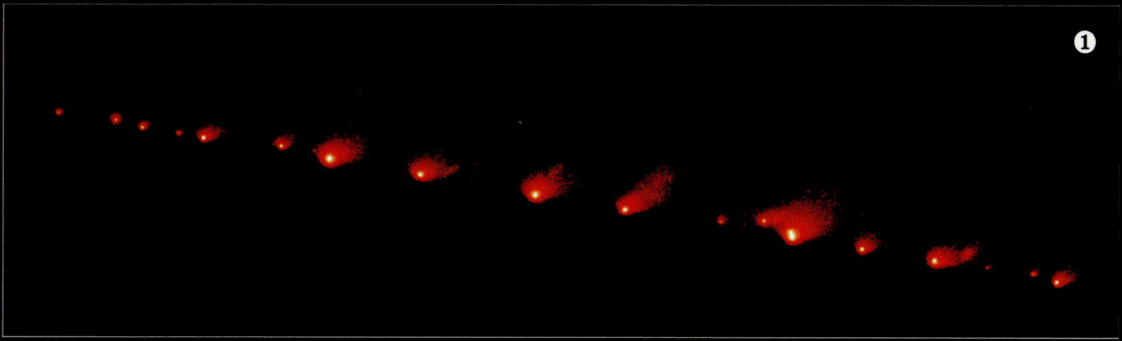

❶ SL9 彗星の分裂
木星の強力な重力につかまり、木星の周囲をめぐることになってしまったシューメーカ・レビー第9彗星は、木星による強烈な潮汐力によって21個の破片に分裂させられ、木星への衝突への道をたどることになってしまった。

❷ SL9 彗星の木星への激突（想像図）

❸ SL9 彗星の衝突痕
直径1km大の衝突痕は、木星面に点々とつらなり、小さな望遠鏡でもわかるほどのものだった。

❹巨大な衝突痕
SL9 彗星の大きめの核の衝突エネルギーは、水素爆弾10万個分の爆発と同じくらいで、小さな天体といえどもその被害のすさまじさがあなどれないことを見せつけられてしまった。

世界最古の落下目撃隕石

福岡県直方市にある須賀神社はたいへん歴史の古い神社で、創建は西暦で7世紀のことという。ある夜、その境内に非常な光と共に大音響が起こり、夜が明けてから村人たちが穴の底から重い石を見つけたとの“飛び石伝説”も語り伝えられていて、その話題が地元のラジオ局で放送されたのを耳にした馬込武志さんは「隕石落下の状況をよく伝える話」として、さっそく国立科学博物館の村山定男博士に報告されたのだった。こうして神社の桐の箱の中に大切に保管されていた“石ころ”は、直方隕石として正式に鑑定、確認され、世に知られることになったのだが、桐の箱のふたの裏に「貞観3年4月7日に納む」と書かれていたところから、落下年代もはっきりわかる貴重なものと明らかにされた。貞観3年といえば西暦861年で、あの菅原道真が京の都から太宰府に流される40年も前のことだから、直方隕石の落下の古さが実感できようというものだ。これまで世界最古の落下目撃隕石は、フランスのアルザスのエンジスハイムに大音響とともに落下した1492年11月6日のものとされていたので、直方隕石はそれをおよそ600年もさかのぼる、文字通り世界最古の落下目撃隕石となるわけだ。

直方隕石の記念碑
宮司の岩熊正晴さんのそばに建つのは、直方隕石の模型をのせたユニークなもので碑文には英文でも落下のようすが記されている。

直方隕石を収めた桐の箱
炭素による年代鑑定によって桐の箱が平安時代のものと明らかにされている。重さ472gの直方隕石は球粒隕石だ。

星の一生

星空の宝石“星雲・星団”が見せてくれる星の生涯のドラマ

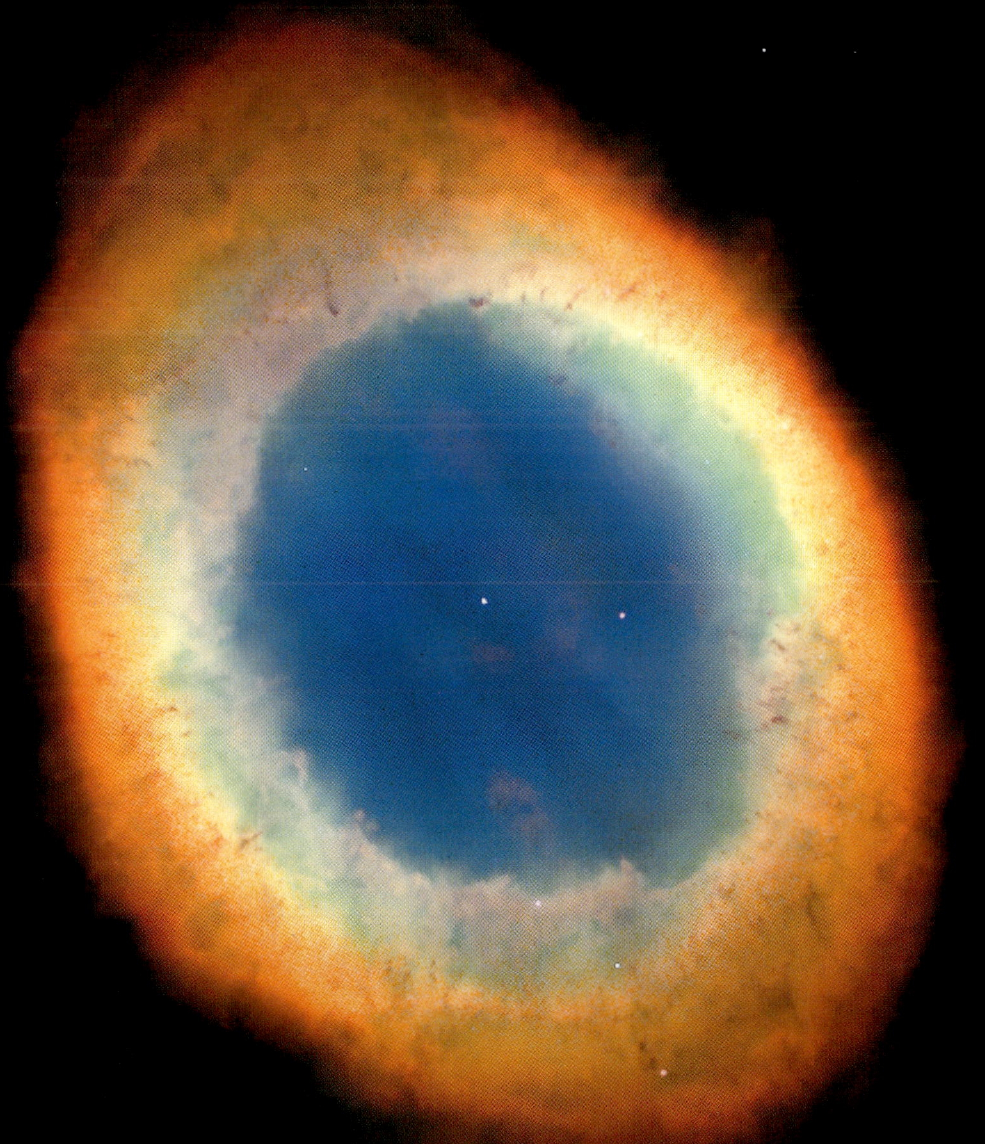

●こと座の環状星雲 M57
およそ 50 億年後、われわれの太陽もこのような惑星状星雲となってその一生を終えるとみられている。星空にひそむ美しい星雲・星団の姿が太陽の生涯について語り聞かせてくれるというわけだ。

星の一生のドラマ

夜空に輝く美しい星座の星たち“恒星”は、いつまでも光を放っているように見える。実際、今夜も明晩も、そしてこの先 100 年の後になっても変わらない姿で見えることだろう。しかし、気の遠くなるような宇宙の時間の中では、その輝きも一瞬のことでしかないといっていいくらいのものだ。宇宙では今でも新しい星が生まれ、年老いた星がその生涯を閉じて姿を消していく、生々流転のドラマを繰り返しているからである。ここでは、星座を形づくる恒星たちがたどる一生の様子を見ていくことにしよう。

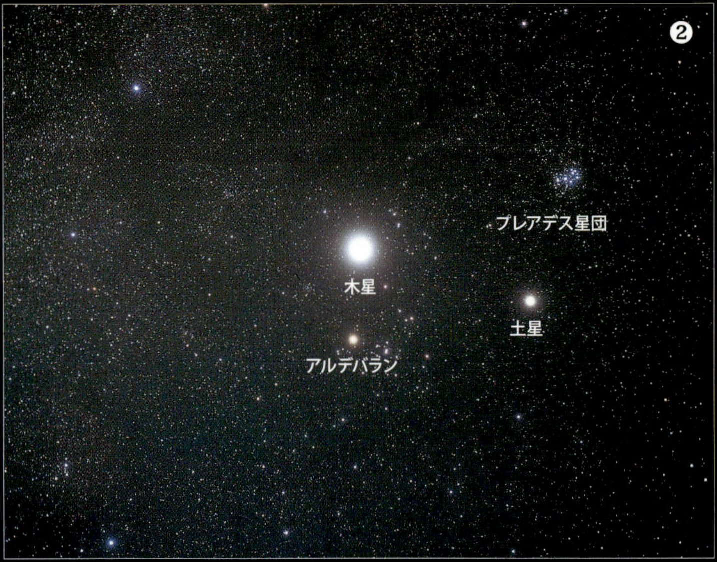

❶太陽も恒星のひとつ
我々の生活にとってかけがえのない太陽も、はるか遠くから眺めれば平凡な恒星のひとつとして輝いていることにすぎない。つまり、夜空に輝く星座の星ぼし“恒星”は、遠くにある太陽のような天体というわけである。

❷恒星と惑星
同じように夜空に輝いて見えても、惑星は太陽の光を反射して光って見えているもので、自ら熱と光を放って輝く“恒星”とは全く違う。(35 ページ参照)

❸冬の星座
青白く輝く若い星、年老いた赤い星、さまざまな星たちのふるまいを調べ、関連づけていくと、気の遠くなるような星の一生の様子も知ることができる。

ペルセウス座
おひつじ座
くじら座
プレアデス星団
おうし座
カペラ
ヒアデス星団
アルデバラン
ぎょしゃ座
エリダヌス座
オリオン座
ふたご座
カストル
ベテルギウス
リゲル
ポルックス
M42
うさぎ座
かに座
冬の大三角
こいぬ座
プロキオン
シリウス
はと座
いっかくじゅう座
おおいぬ座

星づくりの素材と原始星

何もないように見える、星と星との間の真っ暗な部分にも、実は、星をつくり出す素材ともいえる冷たいチリから成る「星間分子雲」が大量にただよっている。そのほとんどは水素ヘリウムで、チリの方は炭素や酸素などの重い元素からできている宇宙の黒雲のような存在で、とてつもなく希薄なうえ、－260度という冷たさなので、目では見ることができない。しかし、この星間分子雲こそが、あの光り輝く赤ちゃん“原始星”を誕生させる素材になるのだから、見えないとはいえあなどれない存在だ。

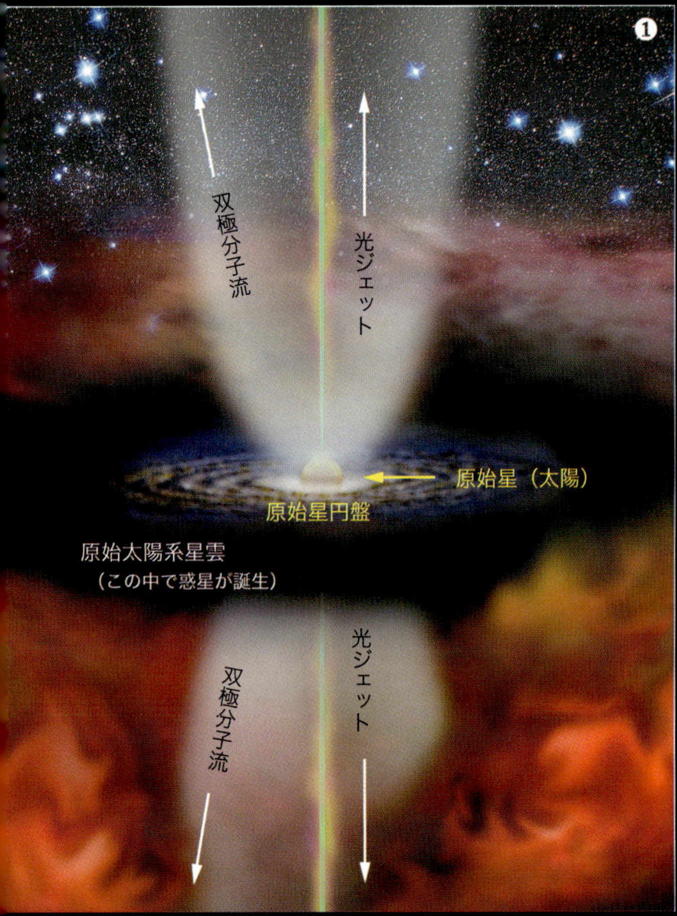

❶原始星の誕生（想像図）
星間分子雲の中で、あちこちに濃いかたまりができると、いよいよ星の卵の誕生だ。そして、その卵たちは、自分自身の重力でゆっくり縮み始め、「原始星」とよばれる赤ちゃん星へと変身していく。その原始星の周りには、さらにガスやチリが引きよせられ、原始星円盤となって回転を始め、うぶ声のようなジェットを上下に激しく吹き出すようになる。

❷オリオン座の馬頭星雲
地球から1100光年のところにある巨大な星間分子雲が、馬の首そっくりなシルエットになって浮かびあがって見えているもの。星間分子雲は暗黒雲ともよばれ、バックに明るい星雲などがあるとその存在を見ることができるようになる。

❸いて座の三裂星雲
星間分子雲の近くに明るく輝く高温の星があると、その星の光に刺激されて、暗黒雲ともよばれる星間物質が美しい「散光星雲」となって見ることができるようになる。この種の明るい散光星雲は、見えない星間分子雲の存在の証人ともいえるものなのである。

❹オリオン座大星雲M42
冬のオリオン座付近には、太陽クラスの星なら3万個も誕生させられるほどの巨大な星間分子雲がただよっている。その星間分子雲の中から、約100万年前に生まれた若い星ぼしが、その巨大な星間分子雲のごく一部を輝かせているというのが、肉眼でも存在のわかるこの散光星雲の正体というわけである。いずれ散光星雲はたくさんの恒星となって輝いて見えることだろう。

若い星たちの群れ　散開星団

星間分子雲の中では、星の卵となる濃いかたまりがあちこちにできる。このため、星はたったひとつで生まれることなはなく、数百個以上の集団となって生まれ出るのがふつうだ。夜空に見える散開星団の星たちは、まだ生まれて間もない若い星の群れというのがその正体なのだ。我々の太陽も、かつてはそんな散開星団の一員として誕生し、現在は独立した恒星として輝いているというわけである。

❶わし星雲M16 の中心部
柱状の構造は長さ1光年もある冷たいガスやチリからなる星間分子雲で、先端の突起部分には、たくさんの星の卵があるのがわかっている。

❷バラ星雲
明るく輝く若い星ぼしが、まだ散光星雲の産着にくるまれてるように見える。やがてこの散光星雲も、散開星団の活発な星たちによって吹きはらわれてしまうことだろう。

❸オリオン座大星雲のM42 中の四重星
4個の明るい高温星の配列のようすから、台形という意味の"トラペジウム"のよび名で親しまれているこの四重星は、まだ年齢が100万歳にもならない、星の世界ではまだ赤ちゃん星といっていいくらいのものだ。
❹散開星団NGC3293
若い星の群れ散開星団は、天の川の中にたくさん見られる。
❺プレアデス星団
真冬の宵の頭上に群れるプレアデス星団は、日本では昔から"すばる"のよび名で知られている散開星団だが、今からおよそ5000万年前に誕生したごく若い星たちの集団というのがその正体だ。太陽の現在のおよその年齢が50億歳ということを考えれば、5000万歳などというのは、まだほんの赤ん坊といっていいくらいの年齢だ。

4

5

太陽の年齢はおよそ50億歳

我々の太陽の年齢は、ざっと50億歳とみられている。人間でいえば最も安定した働きざかりの年齢とでもいえようか。太陽の燃料ともいえる水素ガスは、あと50億年分くらいはあるので、当分はまず問題なく、限りない熱と光を我々にプレゼントし続けてくれることが保証されている。

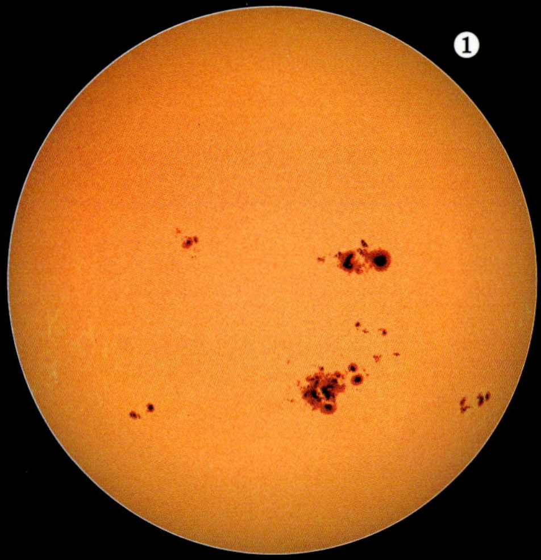

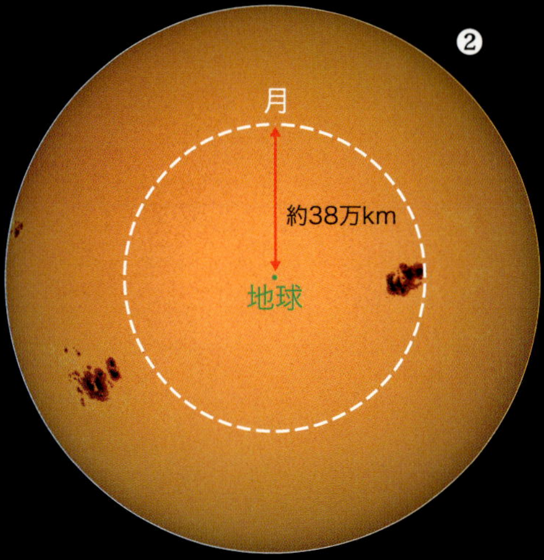

❶太陽の表面
太陽投影板上に太陽像を投影してみると、その表面にいくつもの黒点が見えることがある。太陽の表面温度は約6000度だが、黒点の部分はそれより1500度から2000度低いため、黒っぽく見えている。もし、太陽が全面黒点におおわれたとしたら、太陽は弱い夕日のように赤暗く輝いて見えることになる。

❷太陽の大きさ
直径は地球の109倍、体積はざっと130万倍、重さは地球33万個分だ。大きな体つきのわりに軽いのは、太陽のほとんどが水素ガスでできているからだ。月の軌道とくらべると、太陽の巨大さが実感できよう。

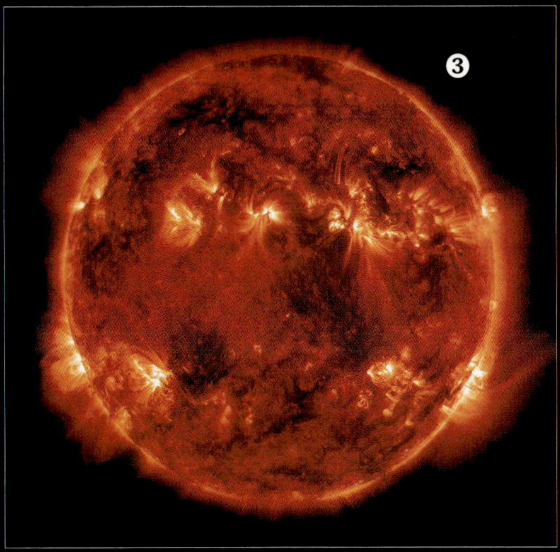

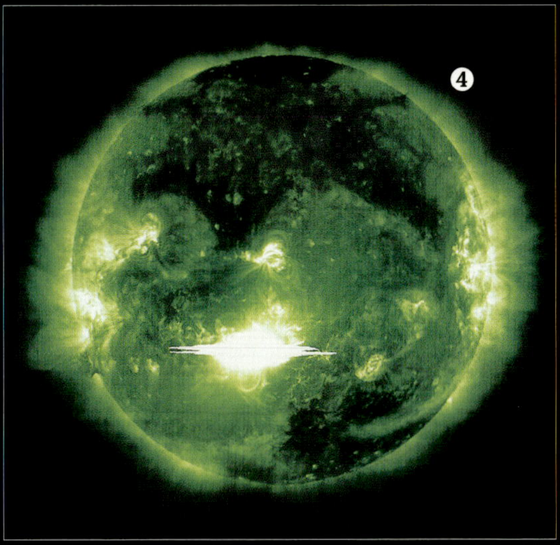

❸熱核融合反応で輝く太陽
さまざまな波長の光で太陽像を見ると、肉眼で観察する太陽の姿とはまったく別物の激しい活動の素顔を見ることができるようになる。この太陽の活力源は、中心部の1500万度の超高温と超高圧による熱核融合反応でつくり出されるエネルギーだ。

❹太陽フレアと宇宙天気
表面の大爆発であるフレアは、地球に吹きつけ、電波障害などさまざまな影響を地球に与えることになる。現在では、太陽の観測によって事前に対策をとるための宇宙天気予報が発表されるようになっている。

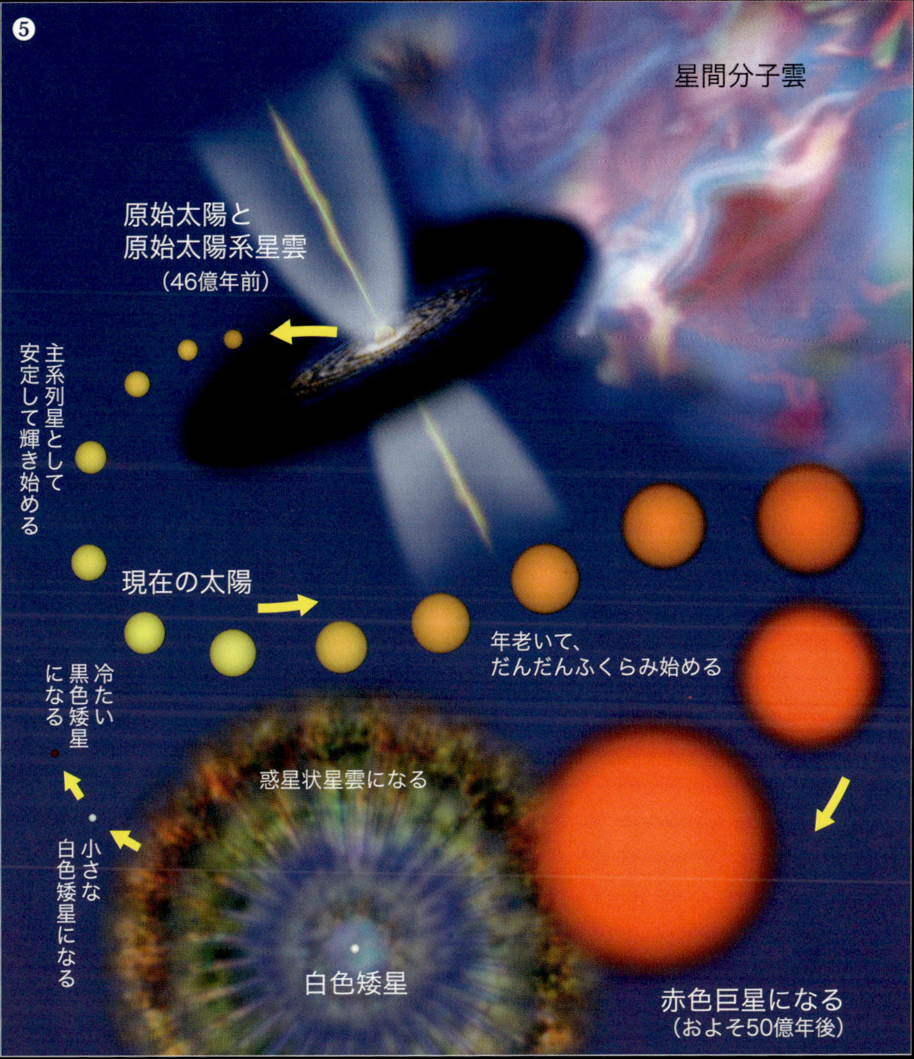

❺太陽の一生のシナリオ（想像図）
現在は最も安定した年代にあるとはいえ、太陽もやがて水素の燃料を使い果たし消えてしまう運命にある。これは100 億年のシナリオを図示したもの。

❻プロミネンス（紅炎）
太陽の活動は、すべて磁力線によってあやつられている。太陽は巨大な発電機のような性質をもっているからだ。その強い磁力線によって熱いガスの大気が数万km にも持ち上げられるのがプロミネンスだ。太陽の活動はおよそ11 年周期で繰り返され、さまざまな現象もそれにつれて活発化したり静かになったりする。

❼太陽コロナのループ
太陽の表面温度は6000 度だが、そのすぐ外側に広がる太陽の大気ともいうべきコロナの温度は100 万度にもなっている。コロナのこの加熱の原因は何なのか、数多くの太陽観測衛星たちによってさまざまな謎解きが行われている。太陽は地球に最も近い恒星として、恒星の謎をさぐる一番のよいモデルとなってくれるものでもある。

多彩な恒星たちの姿

星の誕生の素材となる星間分子雲の中から恒星が生まれ出てくることになるといっても、その誕生時の事情の違いによって実に様々な姿態となる。たとえば、2つ以上の恒星がめぐりあう「連星系」をつくるもの、ふつうの恒星のようには明るく光り輝かない「褐色矮星」、恒星の周りを巡る「惑星」など、多彩な顔ぶれの天体たちが生まれ出てくることになるのである。

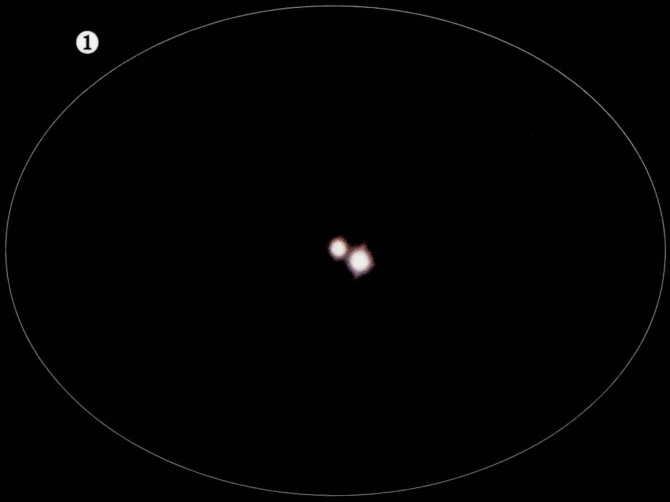

❶ケンタウルス座アルファ星
太陽に最も近い 4.4 光年のところで輝くケンタウルス座のアルファ星は、肉眼では1個の明るい星としてしか見えないが、望遠鏡で見ると 0.0 等と 1.4 等の星がめぐりあう連星だとわかる。さらにこのペアには、もうひとつ、プロキシマとよばれる 11 等の赤く小さな「赤色矮星」がめぐっており、三重連星系となっている。

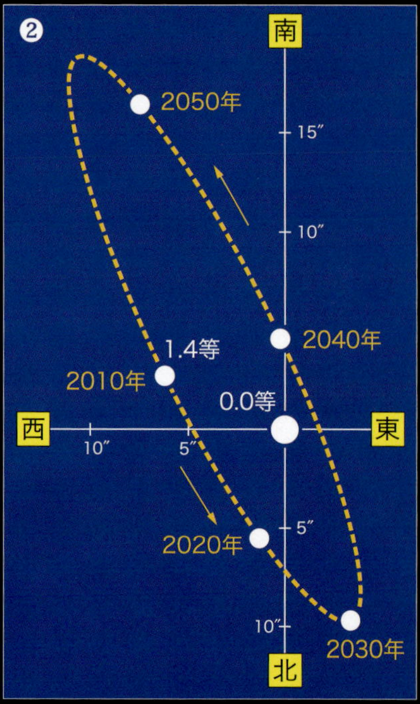

❷ケンタウルス座アルファ星の軌道
周期80 年で巡る様子は小さな望遠鏡でもよく見える。宇宙には太陽のような単独の星のほうが多いが、連星系をなしているものも多い。

❸近接連星
2つの星が顔をくっつき合わさんばかりにしてめぐる連星系では、相手のガスをはぎとったり、一方が大爆発したり、その一生を静かに送れない運命がまちうけている。

❹系外惑星
夜空に輝く星ぼしの多くは、太陽系に似た惑星系をもつものが多く、すでに400 個以上が確認されている。しかし、その惑星の軌道や姿は太陽系とは似ても似つかぬものが多く、むしろ、太陽系タイプのものの方が例外的といってよいのかもしれないという。

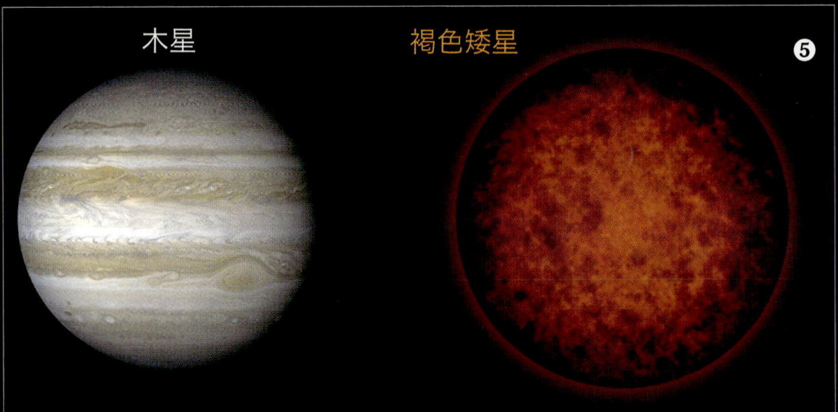

❺褐色矮星
惑星よりは大きいものの、太陽などよりずっと小さめに生まれついた恒星は、熱核融合で光り輝くほどの"体力"がなく、自分自身が小さく縮んで熱エネルギーを出し、にぶい褐色の光を放つことになる。この種の星は宇宙には意外に多いらしいと見られている。

太陽の終末は美しき惑星状星雲

　太陽クラスの重さの星が、その一生の終わりをむかえて赤色巨星になると、表面のガスがはがれて宇宙空間へ流れ出し、美しい惑星状星雲に変身していくことになる。星空に見えるさまざまな惑星状星雲は、死にゆく太陽のような星の終末期の姿というわけである。一方、その中心に残された小さな星の芯は、何もかもがぎゅうぎゅうづめに押しつぶされた「白色矮星」となって残されることになる。白色矮星は星の死骸のような天体なので、ゆっくりゆっくり冷え、やがて光を失った黒色矮星となって消えていくことになる。

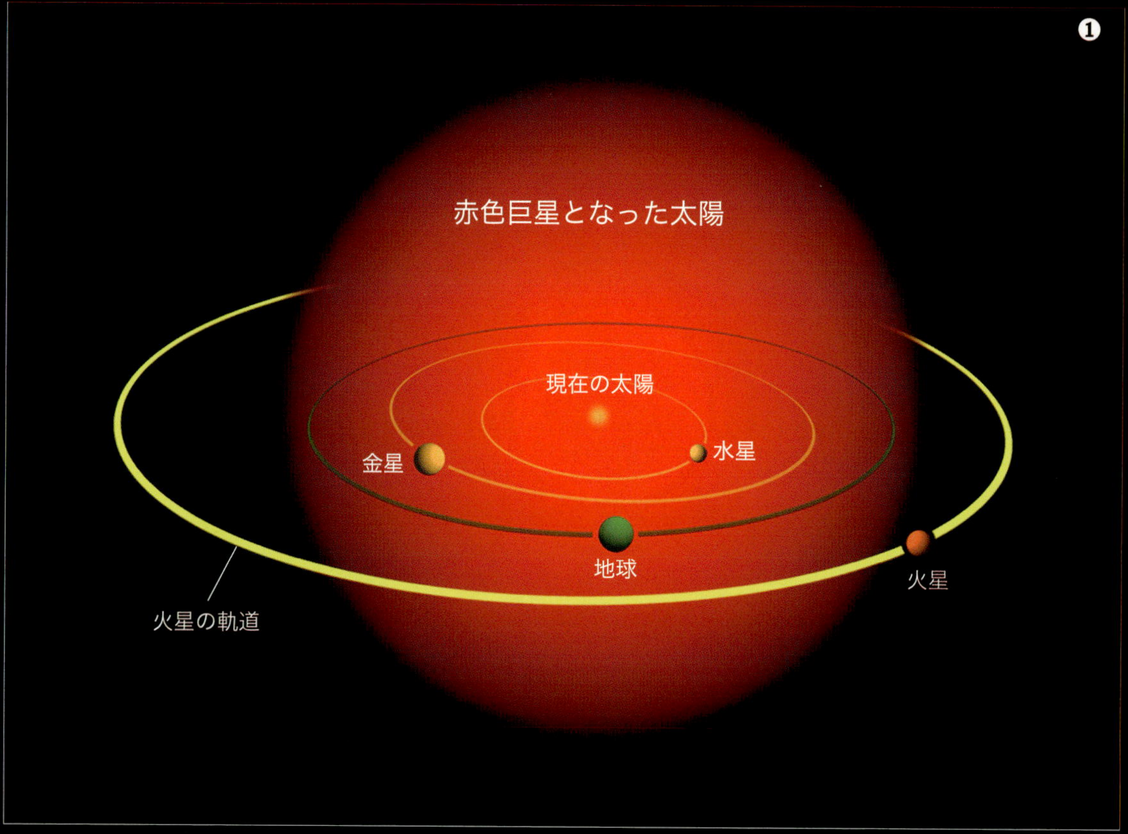

❶赤色巨星となる太陽
およそ50 億年後、水素の燃料を使い果たした太陽は巨大にふくらんだ老人星「赤色巨星」となり、その表面は、およそ地球の軌道のあたりまでふくらんでくる。もちろん、地球は焼きつくされてしまうことだろう。

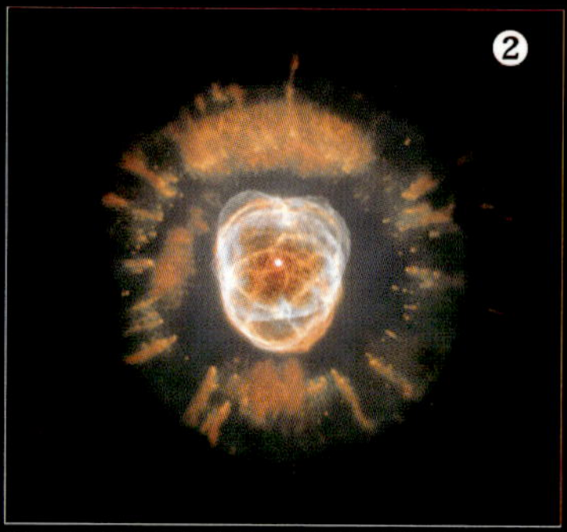

❷ふたご座のエスキモー星雲NGC2392
アラスカのイヌイットの人たちが毛皮のフードをかぶった顔にそっくりな姿の惑星状星雲。

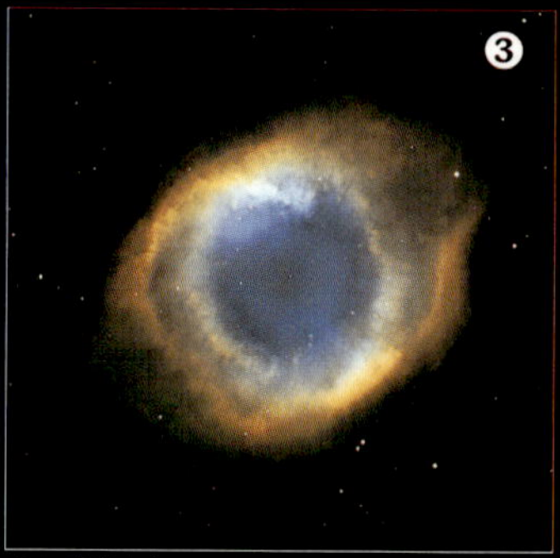

❸みずがめ座のらせん星雲
二重らせんのようなリング状の形が美しい惑星状星雲。

❹アリ星雲Mz3
アリの姿にそっくりに見える惑星状星雲。

❺りゅう座のキャッツアイ星雲NGC6543
およそ500年ごとに放出されたガスが円状に見えている。「惑星状」の名前は、昔の望遠鏡では惑星のように丸みをおびて見えたからで、実際の惑星とは何の関係もない。

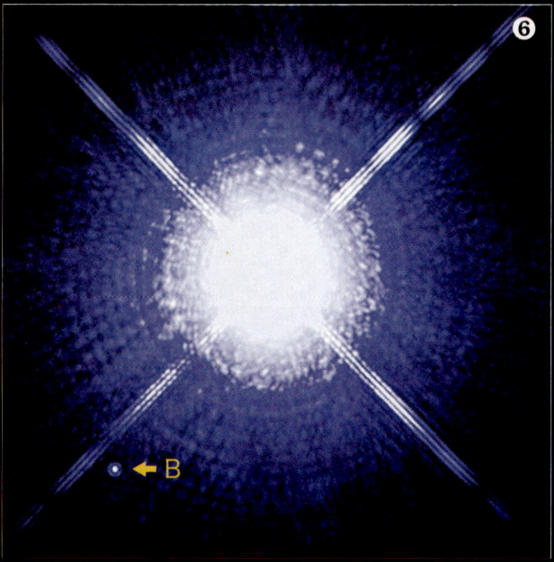

❻シリウスの伴星
全天一明るいおおいぬ座のシリウスのそばをめぐる伴星B は、シリウスより早くその生涯を終えた星の残り火の白色矮星だ。

❼白色矮星の大きさ
ほぼ地球大だが、超高密度の恒星の芯のようなもので、非常に重く、スプーン1 杯ほどのかけらでもおよそ1 トン近い重量がある。

超重量級の星の末期は赤色超巨星

星の一生の過ごし方は、軽い体重に生まれついたか、重い体重に生まれついたかによって大きな違いが出ることになる。太陽クラスの星の場合は、長々と輝き続けた後で白色矮星となって終わる。ところが、それ以上、はるかに重く生まれついた星は、より明るく激しく輝くため、燃料の消費が激しく、はるかに短時間のうちに一生の終わりが近づき、赤色巨星に変身してしまうことになる。太陽の寿命100億年に対し、わずか数百万年から数千万年という短かさだ。

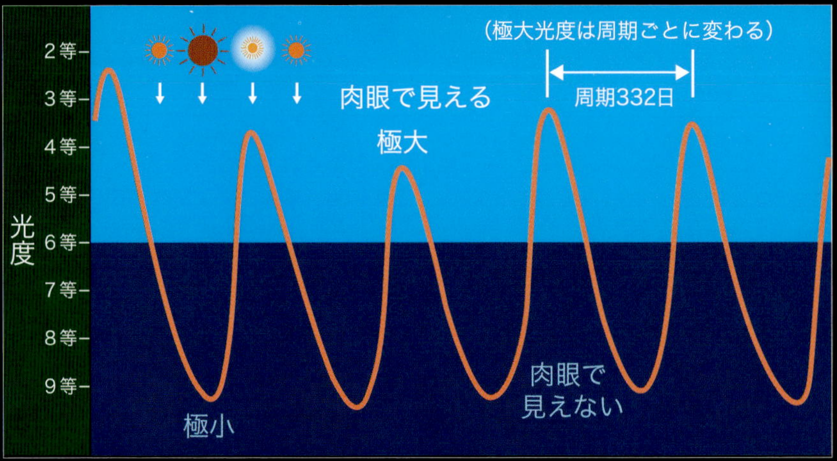

❶くじら座の赤色巨星ミラ
くじら座の心臓の位置に赤く輝くミラは、332日ほどの周期で明るさを2等星から10等星まで大きく不安定に変える赤色巨星のひとつで、終末が近づいている長周期変光星の代表的な星だ。

❷ミラの変光のようす
明るくなれば肉眼でもよく見えるが、暗くなると双眼鏡でも見えない明るさになってしまう。

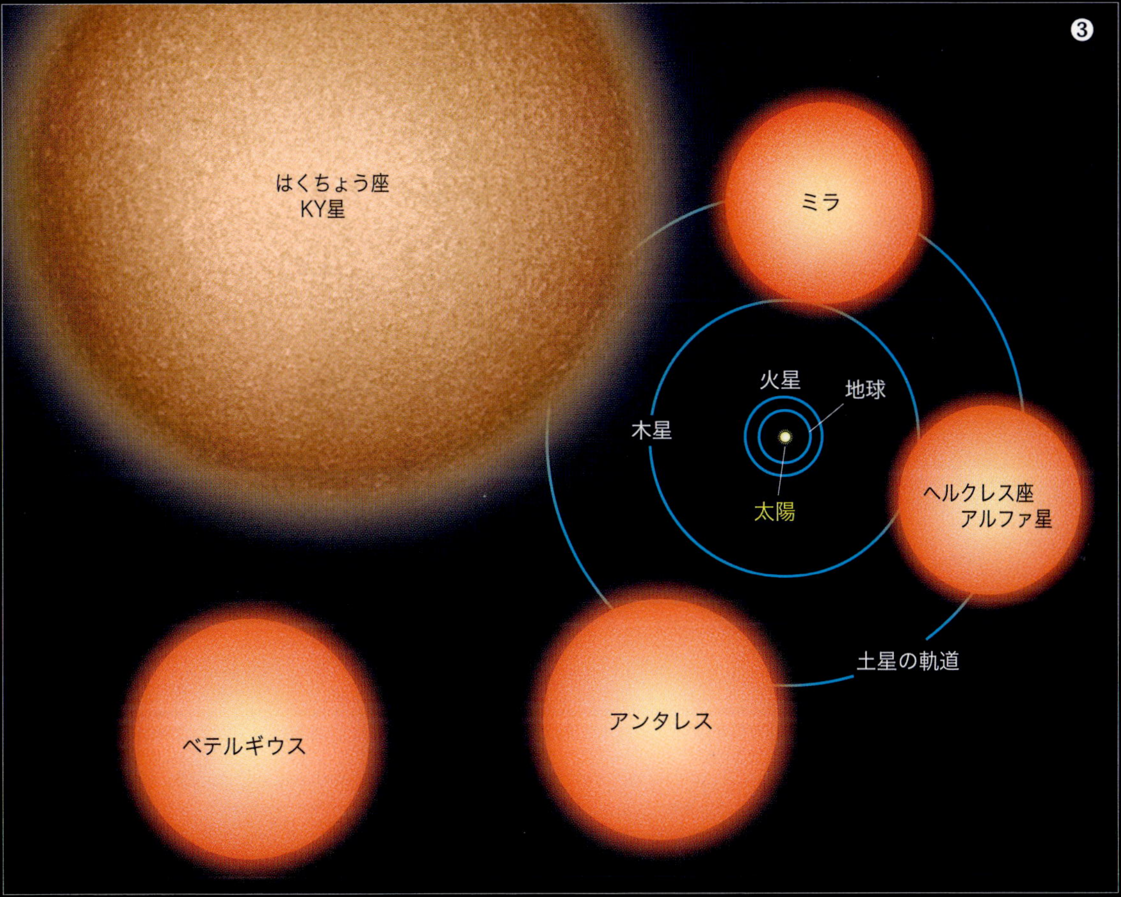

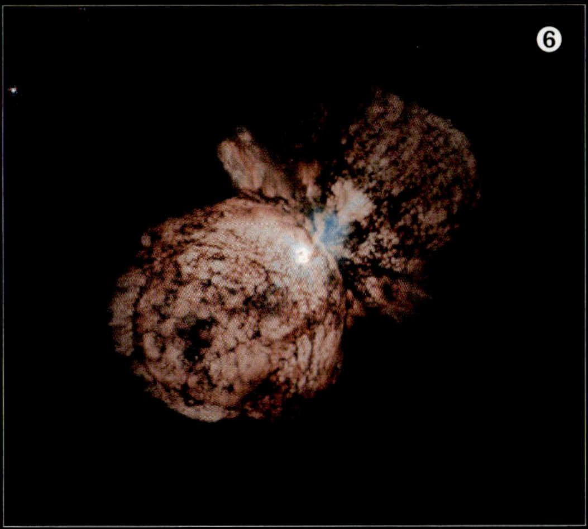

❸赤色超巨星の大きさくらべ
太陽系の惑星の軌道とくらべると、その巨大さがわかる。ただし、実態は表面温度が太陽の半分くらいと低いため、赤みをおびて見える。また、風船のように大きくふくらんだり小さく縮んだりして明るさを変えるものが多い。

❹南十字星付近の天の川
中央が有名な南十字星で、すぐ近くに真っ黒な暗黒星雲の石炭袋（コール・サック）が接している。左端の明るい星は、太陽に最も近い恒星ケンタウルス座アルファ星。右端の赤い星雲がりゅうこつ座エータ星雲。この中に輝く現在5 等級のエータ星が超新星の大爆発を起こすと、満月より明るい輝きを放って見えることになる。

❺りゅうこつ座エータ星雲
エータ星雲は、肉眼でも存在のわかるこの星雲に包まれている。

❻終末が近いりゅうこつ座エータ星
超新星の大爆発が迫っているりゅうこつ座のエータ星雲のアップで、実態は太陽の70 倍と50 倍の2 つの超重量級の恒星が巡りあう連星だ。

超新星は超重量級の星の最期の輝き

太陽の８倍以上の重さのある星の一生の終わりは、超新星大爆発を起こして散ることになる。超重量級の星が短い一生を終えて燃え尽きると、もはや自分自身を支えることができず、力を失った中心部に向かって星全体が一気につぶれはじめる。その中心に落ち込んだ物質が星の芯にぶち当たると、その反動の衝撃波が、こんどは外側に向かってはねかえって伝わり、星全体が粉々に砕け散る…これが超新星の大爆発といわれるものだ。このとき超新星大爆発の巨大なエネルギーは、一瞬のうちに金、銀、ウランなどの元素をつくりだし、宇宙の進化を前進させることになるのである。

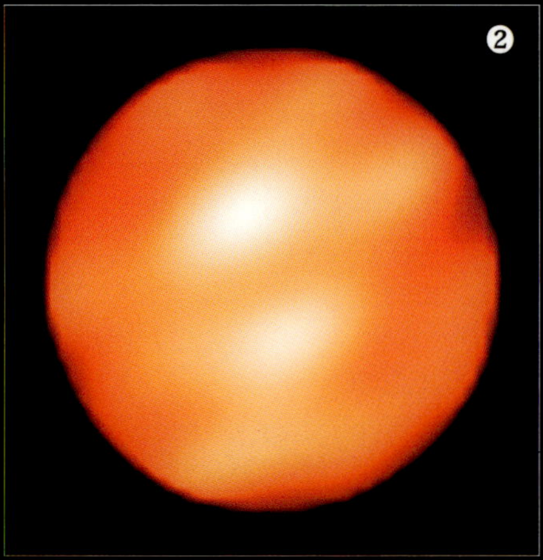

❶オリオン座
狩人オリオンの肩に輝くベテルギウスは、不安定に明るさを変える赤色超巨星となっている。
❷ベテルギウスの表面
不規則な模様は、ベテルギウスの超新星爆発が迫っていることを示すものらしい。
❸オリオン座のベテルギウスの超新星爆発（想像図）
こんなすばらしい光景を目にするチャンスは、いつのことになるのだろうか。

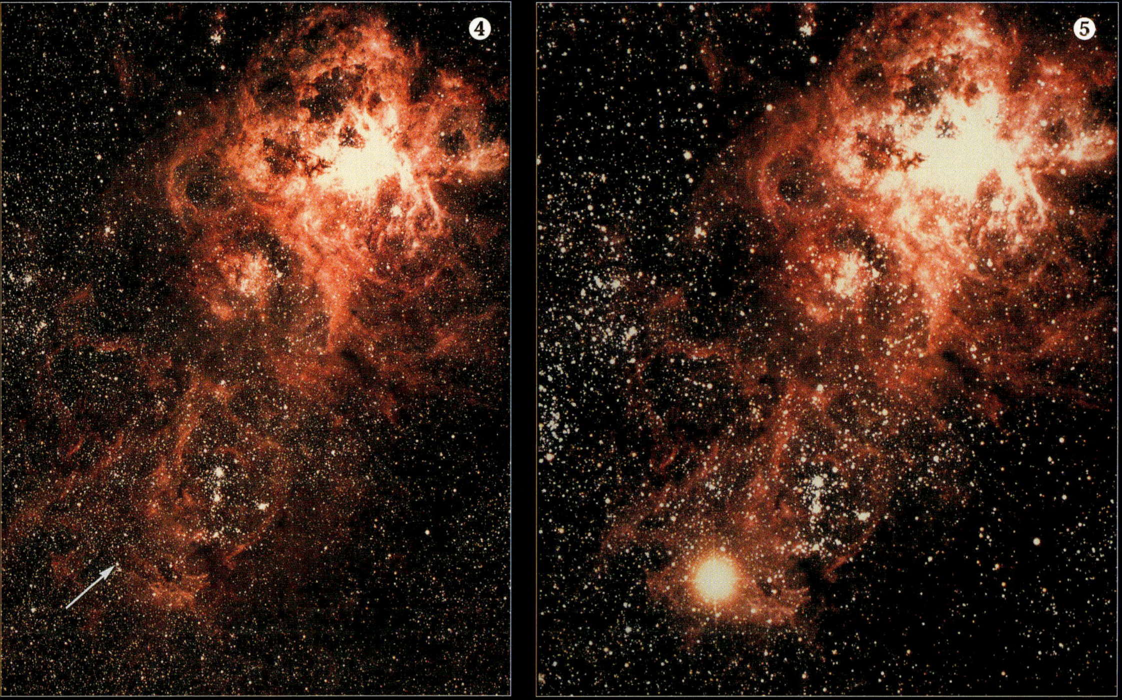

❹❺超新星1987A
1987 年2 月23 日、南半球の夜空に見える大マゼラン雲中の巨大な星雲の近くに2.9 等で輝く肉眼超新星が出現し、人びとを驚かせた。少し風変わりな青色超巨星が超新星爆発を起こしたもので、肉眼で見えるものとしては、ケプラーの新星以来383 年ぶりの超新星爆発の出現だった。なお、この超新星から飛来したニュートリノを見事にキャッチされた小柴昌俊博士は、ノーベル物理学賞を授与された。

❻超新星1987A の姿
超新星爆発前に放出された物質などがリングとなって見えている。

くりかえされる星の世代交代

重い星が超新星の大爆発で生涯を終えるとき、その大パニック状態の中で、金、銀、銅、鉄、ウラン、プラチナなどを一瞬のうちにつくりだし、星間空間にまき散らす。それらの前世代の星の遺灰ともいえる新しい元素は、次の世代の新しい星づくりための素材としてリサイクルされることになる。我々の太陽も、前の世代に輝いていた重量級の超新星爆発によって誕生したものであることが、太陽系の化石天体ともいえる隕石中に含まれる物質から明らかにされているのだ。宇宙が誕生して約 137 億年間、単純な第一世代の星からより複雑な星へと世代交代を繰り返しながら、星たちは進化を続けているというわけである。

❶

❷

❶ティコの超新星
1572 年の秋、カシオペヤ座に現れた超新星の輝き。それまで不変と信じられてきた天界に起きた衝撃的な事件だった。デンマークの天文学者、ティコ・ブラーエはその詳細な記録を残しており、それによると昼間でも見えたという。
❷ティコ新星の残骸
出現からおよそ440 年後の超新星の姿で、現在も大きく広がり続けている。
❸はくちょう座の網状星雲
距離1600 万光年のところで、直径100 光年の球状に広がり、現在も秒速80km で拡散し続けている超新星の残骸。太陽の25 倍もの重さの超新星がおよそ2 万年前に爆発したもので、まき散らされた物質は、新たな星の誕生のための素材としてリサイクルされることになる。
❹ほ座のガム星雲
およそ1 万年前の超新星の大爆発によってできたもので、直径は2600 光年ほどにも広がっている。なお、超新星爆発には、近接連星のもう一方の白色矮星にガスが降りもって核爆発を起こして吹っ飛ぶ“ 炭素爆弾”ともよべるⅠa 型のものや、白色矮星どうしの衝突・合体によるもの、それに重量級の星が大爆発するⅡ型のものなどがある。
❺射手座の干潟星雲M8
超新星爆発などによって星間空間にまき散らされた物質は、再び星間物質にまぎれこみ、新たな星の誕生の素材として利用されることになる。

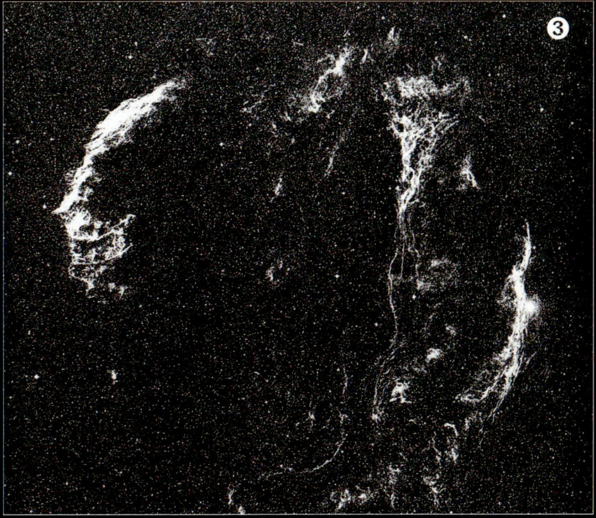

超重量級の星の終末はブラックホール

太陽クラスの重さの星の最期は白色矮星となり、それより重い星の場合は中性子ばかりでできた中性子星となってその生涯を終えることになる。ところが、太陽の重さの30倍を超える星が超新星の大爆発を起こしたときは、そんななまやさしいことでは終われず、中心部では中性子でさえ支えきれないほどのものすごい重力が発生し、限りなく押しつぶされ続けていくことになる。こうなると、あまりに強くなりすぎた重力のため、そこからは光さえも抜け出すことのできない別世界となってしまう。光が出てこられないため、その姿は、もはや我々には見ることもできなくなってしまう。これがブラックホールとよばれるもので、超重量級の星の最期の姿というので「恒星質量ブラックホール」ともよばれている。

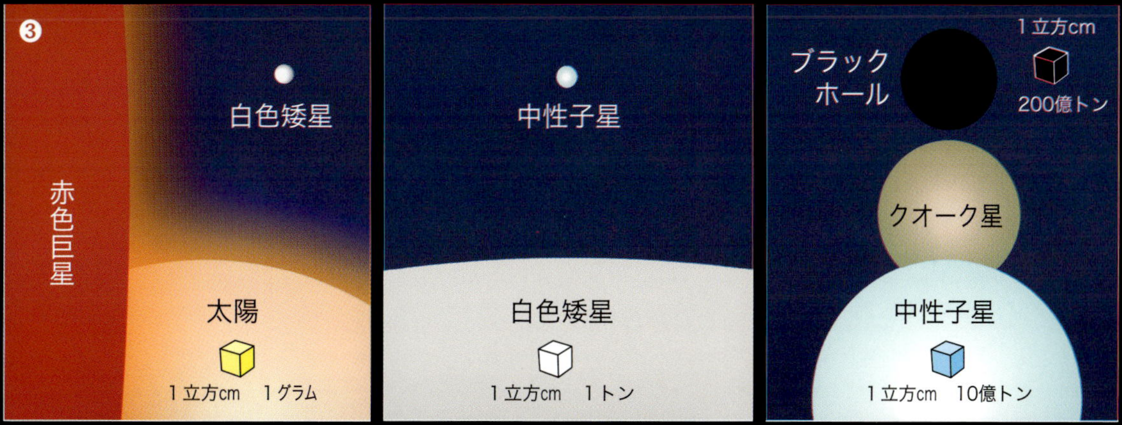

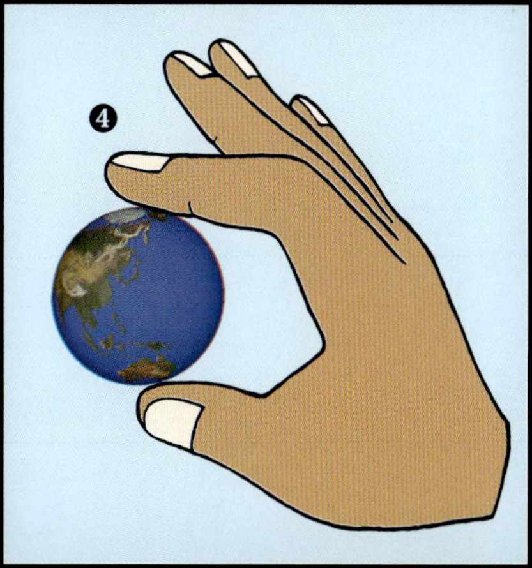

❶おうし座のかに星雲M1
1054年の超新星爆発のおよそ950年後の姿で、望遠鏡で見ると、飛び散る突起がかにの足のようだというのでこの名がある。現在も秒速1300kmのスピードで拡散を続けている。中心には小さく押しつぶされて中性子ばかりでできた半径10kmの小さな「中性子星」が残され、高速で回転しながら灯台のようなパルス信号を放っている。白色矮星よりさらに高密度で、スプーン1杯分でなんと10億トンもの重さがある。

❷ブラックホール（想像図）
接近している連星のうち、一方がブラックホールの場合、もう一方の星から強力な重力でガスを引き寄せ、そのガスは強烈なX線を放ちながらブラックホールに飲み込まれていく。そのふるまいから、姿の見えないブラックホールの存在を知ることができるわけだ。

❸コンパクトな天体たちの大きさと重さくらべ
星の一生の最期に残されるミニ天体たちを順に見くらべていくと、小さなお化け天体たちのイメージが実感できることだろう。クォーク星までは表面を持っているが、ブラックホールには表面がなく、「事象の地平面」とよばれる範囲が存在するだけである。その範囲から内側に入ってしまうと、光さえ抜け出せなくなってしまう境界線だ。

❹地球をブラックホールにするには
太陽なら直径6kmに、地球なら直径2cmほどに強引に押しつぶせばブラックホールにすることができる。いかにブラックホールがとんでもない天体であるかが、この例からもわかることだろう。

別々の過去の姿を見る不思議

オリオン座は真冬の宵空に輝く一番人気の星座だが、その狩人オリオンの肩先に輝く赤みをおびた1等星ベテルギウスが注目を集めている。80ページにもあるように、その表面のようすが初めて明らかにされ、超新星爆発が迫っているらしいとニュースで報じられたからだ。「いつ超新星の大爆発が起こってもおかしくない状態」との科学者のコメントがきいてか、ベテルギウス人気が高まり、「毎晩見ているのだが…」という人もあれば「爆発した光が地球に向かっているところかもしれないぞ」などという人もあって、にぎやかなことこの上ないが、話は宇宙での時間のこと。人間さまの言う“いつ”という時間スケールとは大違いで、それが100年先のことなのか数万年先のことなのか、まことにあやふやで、大爆発を期待して毎晩見つめられてもベテルギウスも困惑させられてしまうことだろう。

その点では、爆発した光が地球に向かっているかもしれないという話の方はいくらか説得力があるかもしれない。ベテルギウスまでの距離が最近の測定では497光年とされているからだ。つまり、今夜見るベテルギウスのあの輝きは、じつは497年前にベテルギウスを出発した過去の光で、現在の光は、これから497年後にならないと我々は目にすることができないからである。そう言われて星空を見あげてみると、星までの距離はすべて違うわけだから、我々は別々の過去の星の輝きを同時に眺めているという不思議な体験をさせられていることに気づかされる。それもこれも、光のスピードが1秒間におよそ30万kmという有限の不思議さのなせるわざということになろうか。

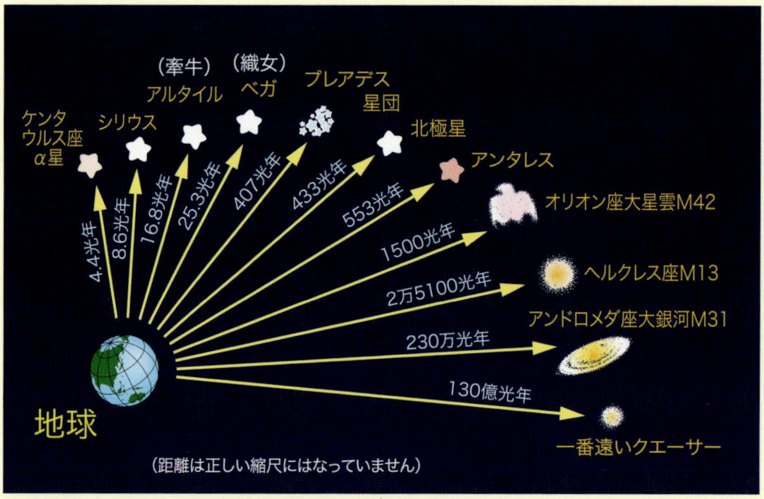

星までの距離
遠い天体の姿ほどより遠い過去の姿を見ていることになる。宇宙では遠くを見ることは、より過去の姿を見ることになるというわけだ。

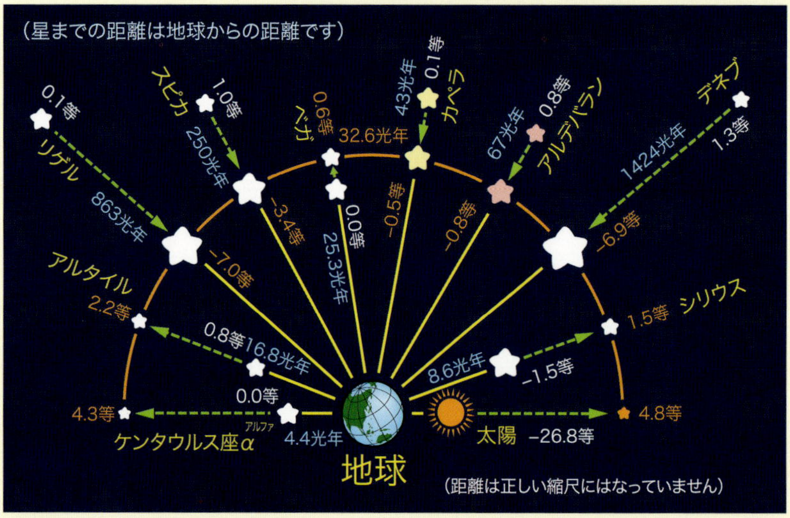

絶対等級
32.6光年のところにもってきて明るさくらべをすると天体の明るさの実力くらべがわかる。

天の川銀河と宇宙

わが銀河系の中でさぐる宇宙の過去・現在・未来の姿

●渦巻き銀河りょうけん座のM51 の中心部
われわれの住む天の銀河「銀河系」も、およそ2000 億個もの星が渦巻き群れる星の大集団「銀河」のひとつだ。
その中心には、このM51 と同様、超巨大質量ブラックホールがひそんでいるという…

ミルキィ・ウェイ　天の川の眺め

夏の宵、夜空の暗く澄んだ高原や海辺に出かけると、まるで入道雲のように、南の地平線から頭上にかけて立ち昇る天の川の光芒が肉眼でもはっきり見える。昔の人びとはその正体について、神話がらみであれこれ思いをめぐらせていた。たとえば、ギリシヤ神話では、ヘルクレスが女神ヘラの乳首を強く吸ったため、勢いよくほとばしり出た乳が星空にかかって輝きだしたものと伝えていた。それで天の川のことを英語ではミルキィ・ウェイ、つまり「乳の道」とよぶわけだ。それが無数の微光星の集まりだと見破ったのは、手作り望遠鏡を天の川に向けたあのガリレオ・ガリレイで、今からわずか400年ばかり前のことだったのである。

❶天の川の誕生（ティントレット画）
ギリシャ神話では、天の川は「乳の道」だったのだが、エジプト神話ではイシス女神がまき散らした麦の穂、北欧では亡くなった人が天の川に昇る道、中国では漢水という川に見たてて、銀漢とか銀河とよび、それが日本にわたって天の川のよび名になった。

❷夏の天の川
夏の宵にかかる天の川の光芒は、いて座とさそり座の間で最も幅広く、頭上の七夕の織女星ベガと牽牛星アルタイルの間にかけて立ち昇るように見える。

❸冬の天の川
オリオン座付近の冬の大三角の中ほどを横切って南天へとつながっているが、夏の天の川にくらべると淡いので、夜空の暗い場所でないとわかりにくい。

❹南天の天の川
天の川の光の帯は、夏、秋、冬、南天と星空をぐるり一周しているが、いて座付近で最も明るく幅広く見えている。オーストラリアや南半球の国々では、その最も明るい天の川がほとんど頭上にやってくるので驚くほどの明るさとなって見える。

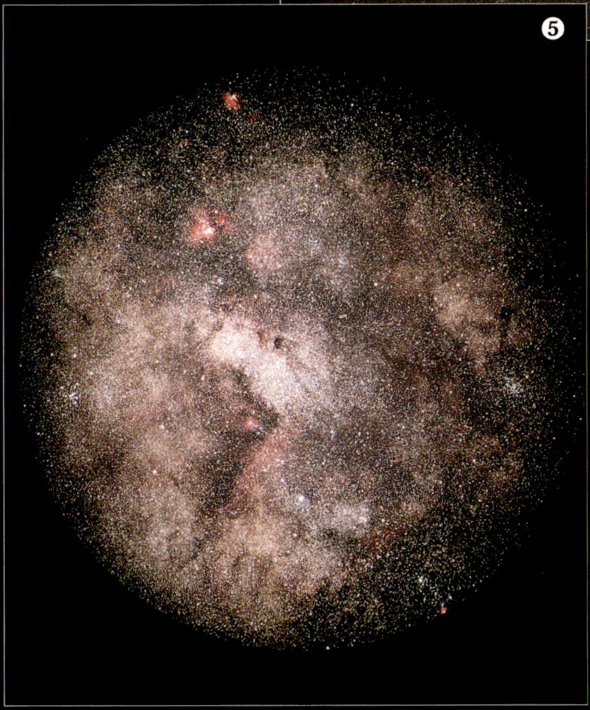

❺双眼鏡で見た天の川の正体
肉眼では光の帯の光芒にしか見えないが、双眼鏡を向けると微光星の集まりだとその正体がわかる。

星の大集団「天の川銀河」

我々の太陽系は、およそ2000億個もの星の大集団の中にあり、この星の大集団は「銀河系」とか「天の川銀河」とよばれている。はるか遠方に離れてこの星の大集団を眺めてみると、中心部が凸レンズのようにふくらんだ平たい円盤状に、無数の星が渦巻いて見えるはずで、あのUFOのような形といえばわかりやすいかもしれない。その円盤の直径はおよそ10万光年、光のスピードで横切って10万年もかかるのだから、なんとも巨大なものだ。

我々の太陽系は、その中心から2万8000光年離れたところにある。つまり、円盤の内側の位置から「銀河系」の姿を見ているのが、夜空に長々と横たわって見える天の川の正体というわけなのだ。それで、今では銀河系は「天の川銀河」とよばれるのがふつうになってきている。

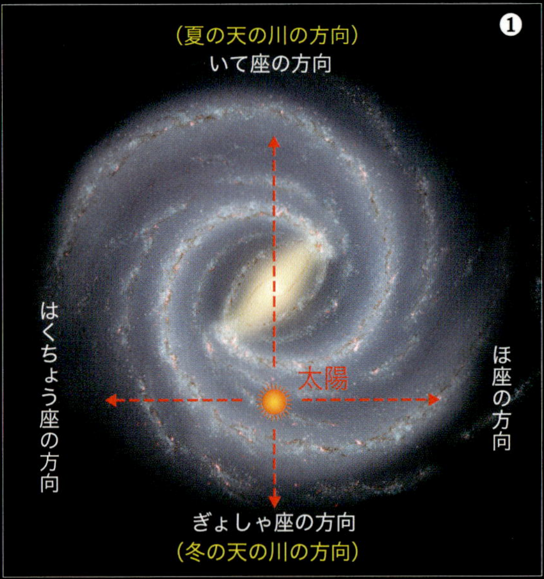

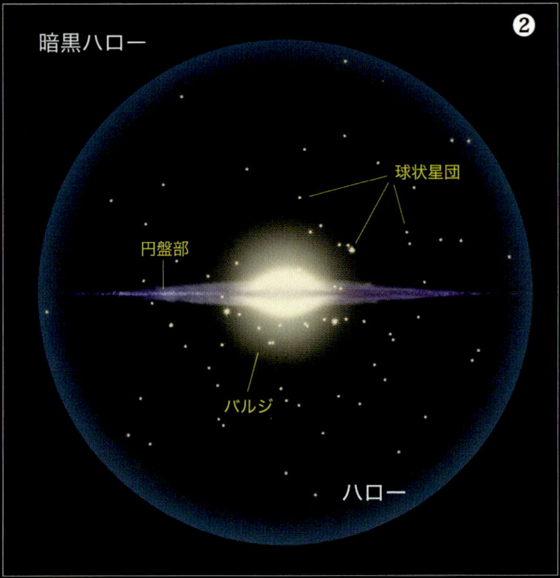

❶天の川銀河の姿
真上から見た銀河系のようすで、中央に棒状の構造をもつ棒渦巻銀河のタイプとみられている。中心から2万8000光年のところにある太陽系から見た天の川の方向が示してあるが、いて座の方向で幅広く明るいのは、この方向が中心方向にあたるため、冬の天の川が淡いのは銀河系の外側方向にあたるためだ。この図と88ページの天の川の写真を見くらべると、その関係がよくわかることだろう。

❷真横から見た天の川銀河の姿
中心部がぷっくりふくらんだ細長い姿として見えるが、周囲に丸く淡いハローが広がっているのがわかる。

❸エリダヌス座の渦巻銀河NGC1232
天の川銀河によく似た姿の渦巻銀河は、宇宙のどこにでも見られるものだ。

❹かみのけ座の渦巻銀河NGC4565
天の川銀河を真横から見ると、こんな姿をしていることだろう。
❺❻大小マゼラン雲
日本から見えない南半球の夜空に見える、天の川のちぎれた部分のように見える天の川銀河の伴銀河。
❼さそり座の球状星団M80
数十万個の老人星が、ボールのようにびっしり群れ集まったもので、天の川銀河のハロー部分に点々と存在している。

多彩な銀河たちの姿態

我々の「天の銀河」と似た星の大集団「銀河」は宇宙のいたるところにあって、その数は「無数にある」としかいいようがないくらいだが、そのすべてが天の川銀河のような渦巻の美しい大型のものばかりとはかぎらない。形のはっきりしない「不規則銀河」やたよりないミニ銀河「矮小銀河」のようなものも、やたらあちこちに数多く存在しているのである。

❶

❷

❸

❶りょうけん座の子もち銀河M51
大小2 つの銀河が手をつなぐように見えることからこの名がある。
❷おとめ座のソンブレロ銀河M104
中南米の人がかぶるソンブレロ帽に似ているというので、この名がある。天の川銀河を真横から見たような姿だが、天の川銀河よりずっと大きな星の集団。
❸しし座の矮小銀河
たよりない星の集団だが、この種のミニ銀河が寄り集まって合体して大きく成長したのが渦巻銀河なのかもしれず、小さいながら、その存在は案外あなどれないものなのかもしれない。
❹エリダヌス座の棒渦巻銀河NGC1300
天の川の銀河もどうやらこのタイプの渦巻銀河らしいといわれる。
❺くじゃく座の渦巻銀河NGC6744
細かく枝わかれした渦巻きの腕が目をひくもの。
❻おおぐま座の不規則銀河M82
中心のあたりから外側に向け熱風が激しく噴出しているのがわかる。
❼ポンプ座の渦巻銀河NGC2997
渦巻銀河の多くは2 本の腕の太いものが多い。

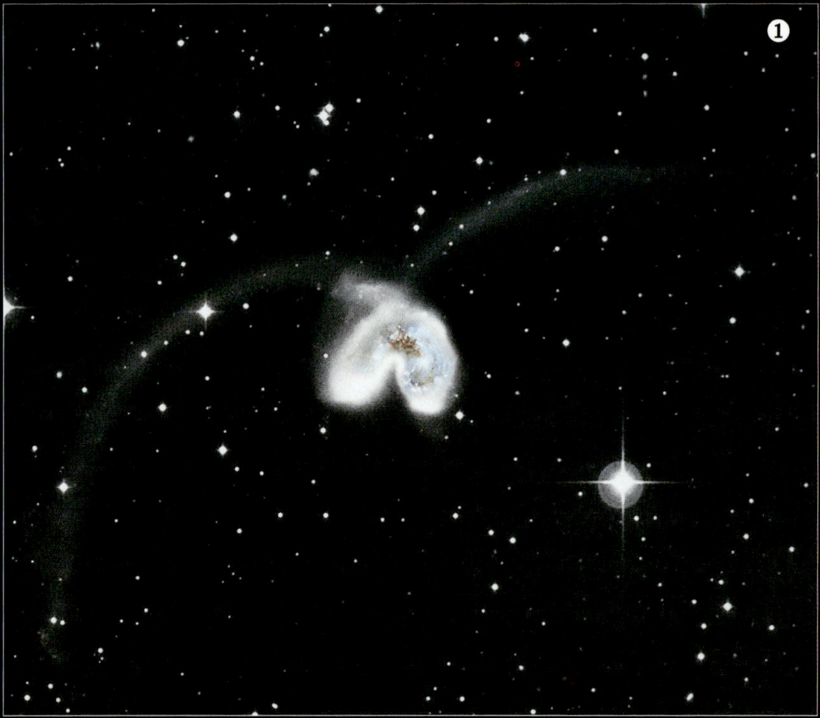

①からす座の触角銀河NGC4038と4039
外に放り出された恒星の大群がまるで昆虫の触角のように細長くのびている。

②衝突銀河の中心部
NGC4038 と4039 の衝突の中心部のようすで、火花が散るように青白い星の大集団があちこちに誕生しているのがわかる。

❸ポーラーリング銀河NGC4650A
10億年前の楕円銀河と渦巻銀河の衝突によって土星のような形の銀河となってしまったもの。
❹楕円銀河NGC1316
数十億年前の2つの渦巻銀河どうしが衝突、合体してより大きな楕円銀河になったもの。それ以前にこの銀河たちにのみこまれたいくつかの銀河たちで複雑な構造となっている。

❺天の川銀河と衝突するアンドロメダ銀河M31
秋の夜空のアンドロメダ座に肉眼でもぼんやり見えるアンドロメダ銀河M31は、現在、秒速300kmのスピードで我々の天の川銀河に接近してきている。このため、およそ30億年後には衝突、50億年後には完全に合体して巨大な楕円銀河へと成長することになるかもしれない。ただし、そのころには太陽は年老いて死に近づき、地球を含む太陽系の惑星たちも太陽と運命をともにすることだろう。もし可能なら、目の前にM31が接近してきている光景を目にしてみたいような気にもさせられる。

銀河中心の超大質量ブラックホール

天の川銀河のような渦巻銀河は衝突・合体することによって、さらに大きな楕円形銀河へと変身し、さらに強力となった重力によって近くにある渦巻銀河やミニ銀河たちを次々と引き寄せ、ますます巨大な楕円銀河へと肥え太っていくことなる。その時、たいていの渦巻銀河の中心に存在するといわれるブラックホールどうしも合体して「超大量質ブラックホール」へと成長するらしいのである。超重量級の星がその一生の終りに超新星の大爆発を起こしてできるのが、84 ページの「恒星質量ブラックホール」だが、銀河中心核に存在する超大質量ブラックホールは、それとはくらべられないもので、太陽の数百万倍から数十億倍以上のとてつもない重さのものとなっている。

❶ケンタウルス座の電波銀河NGC5128
中央を横切る黒い帯は、巨大楕円銀河にのみこまれている小さな銀河らしく、悲鳴のような強烈な電波を放っているのが観測されている。
❷ステファンの五つ子
発見者の名前をとってよばれるこれらの銀河たちも、やがて合体して、より大きな銀河へ姿を変えていくことだろう。

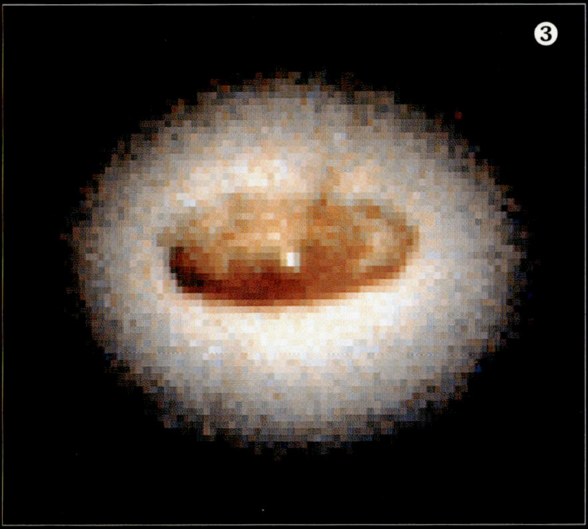

❸楕円銀河NGC4261 中心部
直接には見えていないが、中心部には長大質量のブラックホールがひそんでおり、太陽系くらいの大きさの中に太陽12 億個分の重さのものがその中につめこまれているとみられている。

❹おとめ座の楕円銀河M87
我々の天の川銀河の100 倍もの重さのある特大型の楕円銀河で、98 ページにあるおとめ座銀河団の中心的存在となっている。

❺ M87 の中心ジェット
上の巨大楕円銀河M87 の中心部をアップしてみたもの。中心には太陽の30 倍の重さの超巨大ブラックホールがあって、その周辺から噴出するジェットが1 万光年もの電波ジェットとなってのびている。

銀河群と銀河団

広大な宇宙空間で、銀河がぽつんと孤立していることはなく、たいていは群れをつくっているのがふつうだ。我々の天の川銀河も、周辺を見わたせば、230 万光年のところに浮かぶアンドロメダ銀河やさんかく座の渦巻銀河 M33 など、大小 50 個ばかりの銀河たちとで「局部銀河群」のグループをつくっている。そしてさらに視野を広げて見わたせば、この銀河群は、じつは、およそ 6000 万光年かなたの巨大楕円銀河 M87 を中心とする「おとめ座銀河団」の端っこに存在していることがわかっている。

❶ろ座銀河団
冬の南の空低く、ろ（炉）座にある銀河団で、6300 万光年のあたりで銀河集団をつくっている。
❷おとめ座銀河団
6000 万光年のところに中心のある銀河団で、2500 個もの銀河が属しているが、我々の天の川銀河もこの銀河団のはずれにあるメンバーの一員と考えられる。

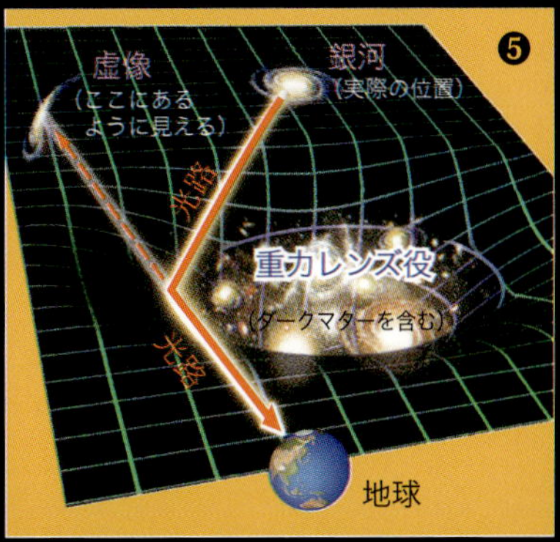

❸重力レンズ
はるか遠くの銀河の大集団の中にたくさん見えるクモの巣のように見える像は、下図にあるようにさらに遠くにある銀河たちが重力レンズ効果によってゆがめられて見えている虚像だ。
❹ゆがめられた宇宙空間
星や銀河など重力の強い天体があると、そのまわりの空間はトランポリンに石をのせたときのようにゆがんで曲がり、そこを通る光も曲がって進むことになる。これが「重力レンズ」となってはるか遠方の、いいかえれば、より宇宙初期のころの天体の姿を見せてくれることになるわけだ。しかし、雲の巣状の天体はそこに見えていてもそこにありもしない像ということになる。
❺重力レンズが見えるわけ
銀河団のまわりの空間は、その重力で大きくゆがめられ、そのそばを通る光は、ゆがみにそって進むことになるため、銀河団の背後の見えないはずの天体が見えたりすることになる。

宇宙の始まりビッグバン

現在の宇宙は、どんどん広がっていることがわかっている。その膨張のようすを逆に過去にさかのぼっていくと、今から137億年前のころには1点に集中してしまうことになる。つまり、宇宙の年齢137億歳ということになるわけである。では、その誕生のころ、何が一体起こったというのであろうか。現代の宇宙論によれば、宇宙は時間も空間も物質も何もない“無”の状態からポロリと生まれ出て、直後にインフレーションという急膨張を起こし、開放された真空のエネルギーは、熱エネルギーに転化、光に満ちた「ビッグバン」の大爆発となって成長をはじめたため、現在、われわれが目にする広大な宇宙になったのだという。

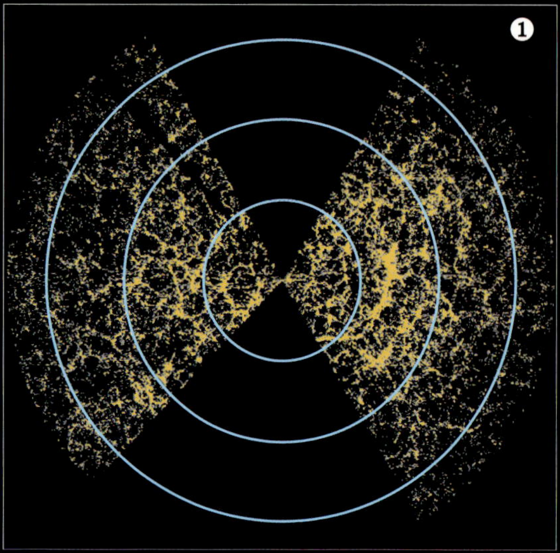

❶宇宙の大規模構造
我々の天の川銀河を中心にした、およそ20億光年範囲を眺めたもの。白いのが銀河の分布で、黒い部分は銀河のほとんど存在しないボイドと呼ばれる空洞部分。宇宙はボイドのまわりに泡の膜をつくるようにして銀河が分布しているとわかる。分布の描いていない部分は観測できていないところ。

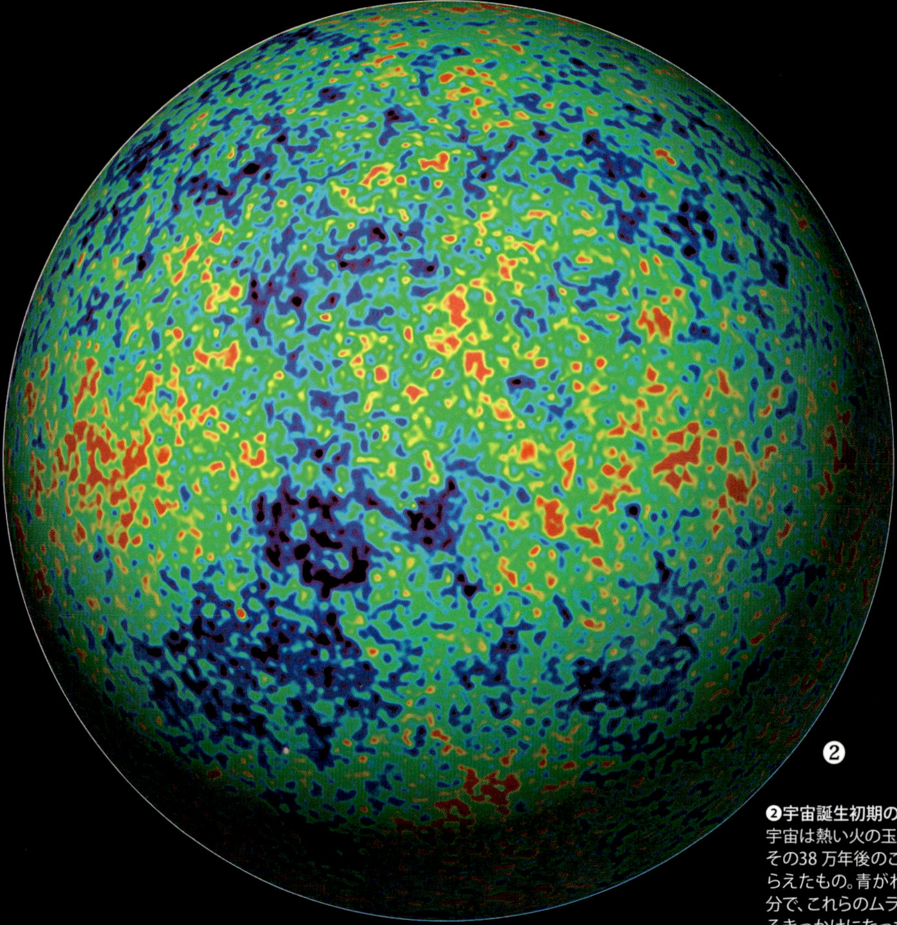

❷宇宙誕生初期のゆらぎ
宇宙は熱い火の玉ビッグバンで誕生し、これはその38万年後のころの宇宙の体温のむらをとらえたもの。青がわずかに低温、赤が高めの部分で、これらのムラがやがて銀河などの誕生するきっかけになったらしいという。WMAP衛星でとらえたもの。

❸宇宙の進化
無の状態から生まれ出て、インフレーションの急膨張でふくらみ、ビッグバンの火の玉となった宇宙は、ひたすら膨張を続け、温度も下がり続けてきた。もちろん、膨張のスピードも落ちてきたが、最近その広がりのスピードに再び加速がかかってきていることが明らかになっている。

宇宙の進化

宇宙の未来をにぎる ダークマターとダークエネルギー

ビッグバンの大爆発以来、膨張のスピードが減速してきていたのに、最近になって自動車のアクセルを踏みこんだようにそのスピードが加速に転じていることが明らかになってきているのである。その仕掛け人といもいえる宇宙をあやつる黒幕たち、暗黒物質のダークマターや暗黒エネルギーのダークエネルギーたちの正体はまったくつかめず天文学者たちは悩まされ続けている。それによってこれからの宇宙がこのまま膨張を続けるのか、あるいは反転し縮みはじめるのか、宇宙の将来像にかかわっているからである。

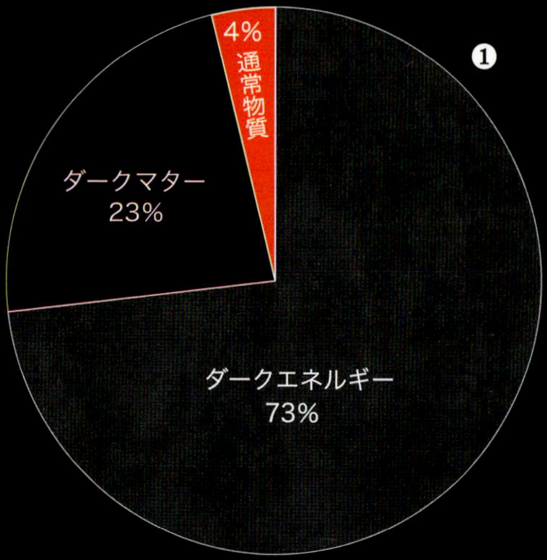

❶ダークマターとダークエネルギーの割合
宇宙には星や銀河のように目に見えるものより、見えない正体不明のものの方が圧倒的に多いのである。
❷ダークマターの捜索
姿なき暗黒物質やダークエネルギーは、どんな姿をしてどこにひそんでいるのか、そして、その正体は…と捜索が続けられている。

❸宇宙の形
これから先の宇宙は、膨張を引き止められるだけの物質の量があるのかどうかにかかっている。

宇宙の形

宇宙全体の物質の量が多いと、その重力で膨張のスピードがだんだん遅くなり、やがて止まる。そのあとは再び縮み始め、最後はビッグクランチを起こしてつぶれる。

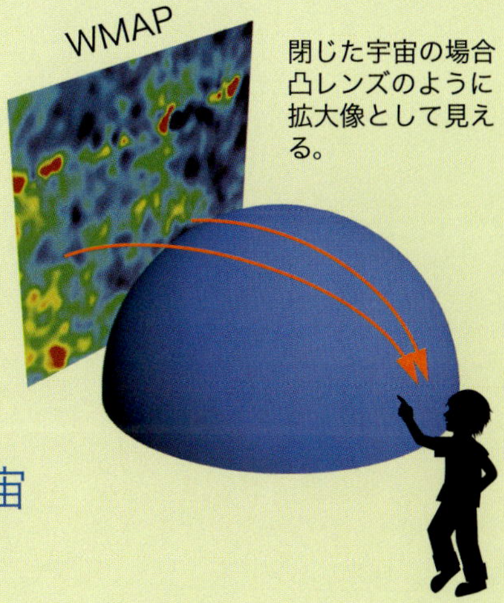

閉じた宇宙の場合凸レンズのように拡大像として見える。

閉じた宇宙
(曲率>0)

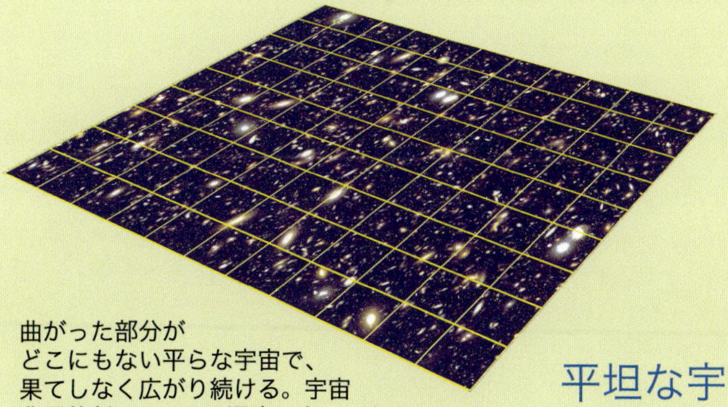

曲がった部分がどこにもない平らな宇宙で、果てしなく広がり続ける。宇宙背景放射 WMAPの温度パターンからは、宇宙の曲率はほとんど0で、われわれは平坦な永遠に広がり続ける宇宙に住んでいることを示している。

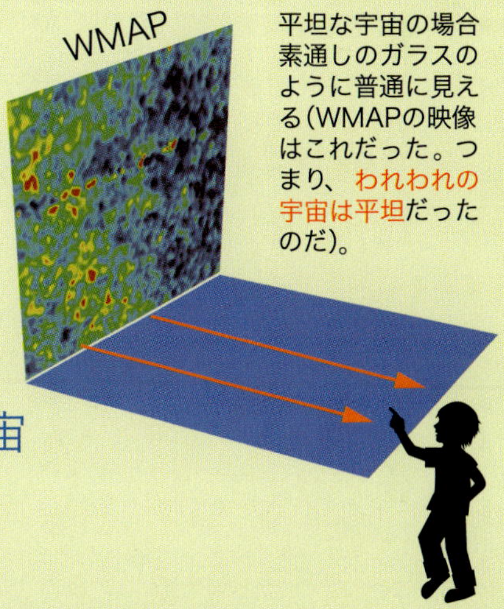

平坦な宇宙の場合素通しのガラスのように普通に見える(WMAPの映像はこれだった。つまり、われわれの宇宙は平坦だったのだ)。

平坦な宇宙
(曲率＝0)

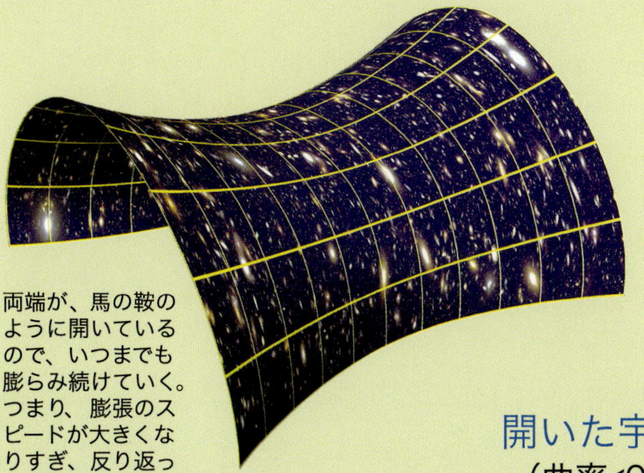

両端が、馬の鞍のように開いているので、いつまでも膨らみ続けていく。つまり、膨張のスピードが大きくなりすぎ、反り返って双曲的に永遠に膨張し続ける。

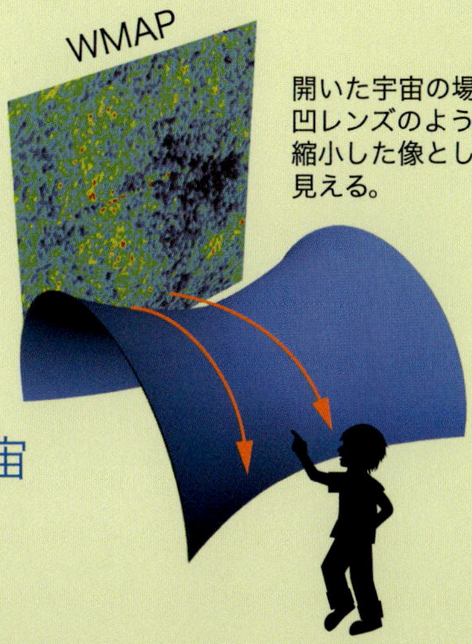

開いた宇宙の場合凹レンズのように縮小した像として見える。

開いた宇宙
(曲率<0)

並行《へいこう》宇宙の存在と再生する宇宙

星空を見上げていると、ふと、「この広い宇宙に、何もかもが自分とそっくりなもうひとりの自分が存在しているのではなかろうか…」などと思ったりさせられることがある。たいていは、そんなことがあるはずもないと打ち消してしまうことになるが、われわれの住むこの宇宙とは別の宇宙が存在して、そっくりなもうひとりの自分がそこに存在するという「多宇宙（マルチバース）」が大まじめに論じられだしてきているのである。われわれの宇宙とそっくりな宇宙がいくつも存在するという「並行宇宙」の考え方である。一方、宇宙がビッグバンで誕生したとすれば、それ以前に宇宙はなかったのだろうかとの疑問もわいてくるが、これにも宇宙は何度でも再生し、ビッグバンはその一過程にすぎないとする宇宙論も登場してきているのである。

❶

①近づくブレーン(膜)

ブレーン(膜)同士の衝突でビッグバンは何度でもくりかえされるという宇宙論で、われわれの宇宙ともうひとつの並行宇宙は、実際には高次元の空間に漂う三次元の膜同士として存在しているものだ。

②膨張する宇宙

ブレーン(膜)同士は、お互いすぐそばにあるのに見ることもさわることもできない。その真空の膜同士は、引き寄せあい、近づきながらも、それぞれ伸び縮みが自由自在のゴム膜のように膨張し続けている。これはビッグバン以前に存在した宇宙の姿だ。

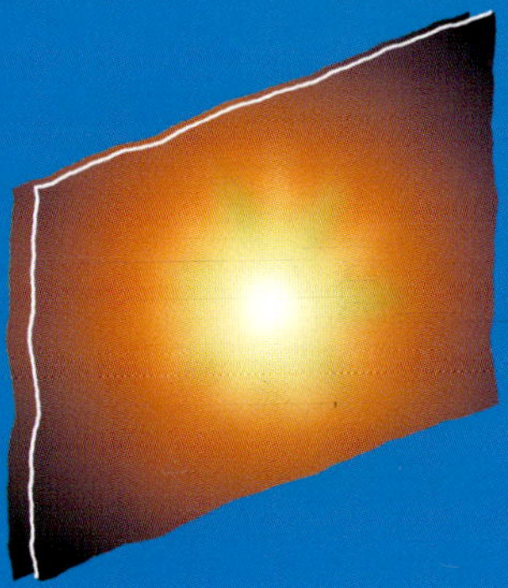

③ビックバン

二つのブレーン(膜)同士は、オーケストラのシンバルのように激しく打ち合わさり、衝突したときの運動エネルギーは、物質や放射へと変換され、宇宙には再び物質が満たされ、星や銀河などが生まれ出す。

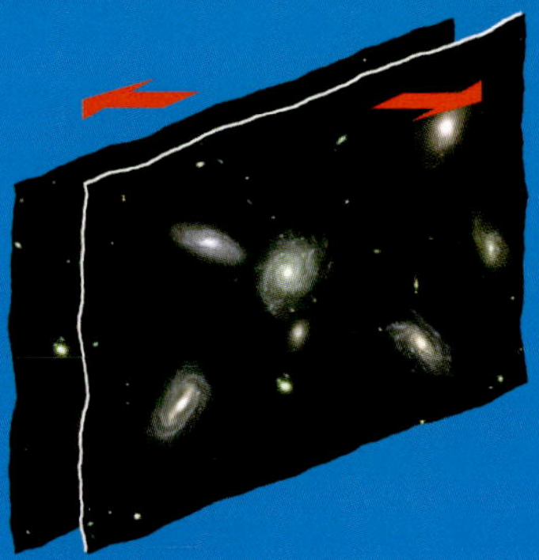

④くりかえされる衝突

激しく打ち合わさったブレーン(膜)同士は、離れれば再び近づき始める。そのとき、両方のブレーン(膜)同士は加速的に膨張することになる。新たなビッグバンへ向かう道のりというわけだ。

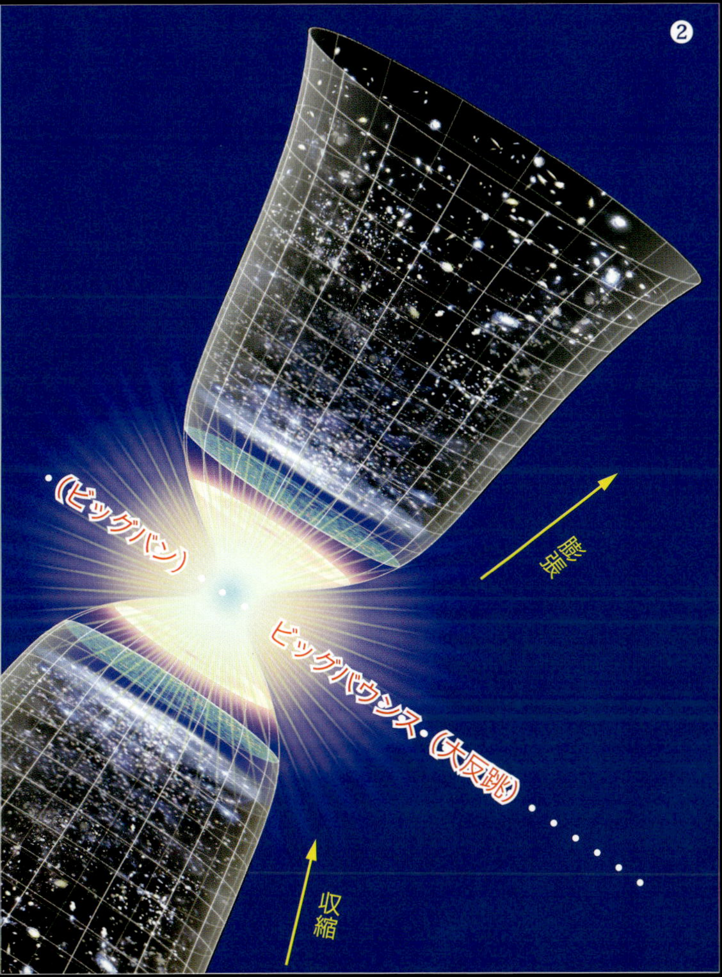

❶ブレーン（膜）宇宙論
宇宙は高次元の膜でできており、永遠の過去から未来へつながっており、その膜はすぐ近くにありながら、おたがい見ることもさわることもできず再生をくりかえしているとする説だ。

❷大反跳ビッグバウンス説
過去の宇宙が収縮してきて、大きくはねかえり再び膨張しはじめるとする説。

❸宇宙へのいざない
日が沈むと、今夜もまたすばらしい星空が頭上に広がり、果てしない宇宙への思いが去来することになる。

❹多宇宙マルチバース説
われわれの宇宙はごくありふれた宇宙のひとつで、別の宇宙も数多く存在するという説。

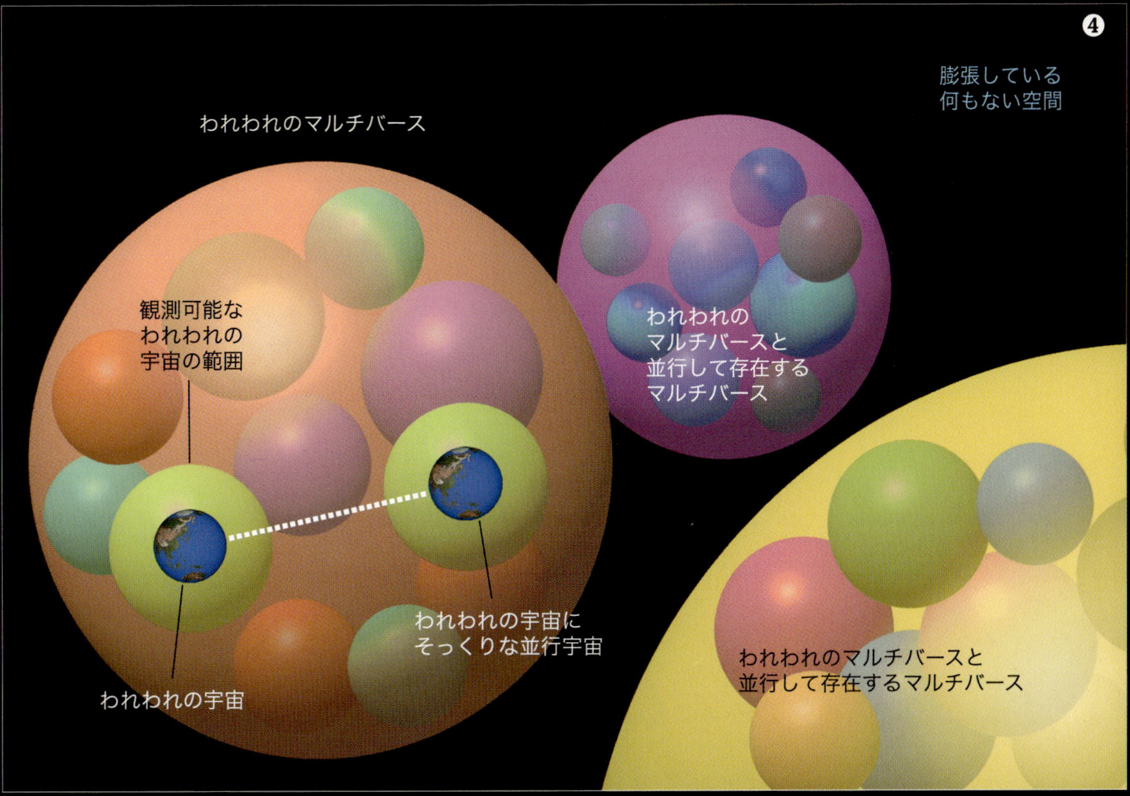

星空の影絵遊び

夜空に輝く星々を結びつけて描き出す星座の姿は、点々を番号順に結びつけて絵を浮かびあがらせるあの点パズルとそっくりで、星空ウォッチング一番の楽しみだが、その点々は暗いバックに輝く明るい星々ということになる。一方、星空に浮かびあがる影絵の方に注目するお楽しみというのもある。暗い夜空に影絵というのでは、“闇夜のカラス”ではないかと不審に思われるかもしれないが、これは明るい天の川の光芒をバックに浮かびあがる暗黒部分のことで、最も有名なものとして、南十字星に接するコール・サック、つまり“石炭袋”がある。明るい天の川と南十字座に接しているせいか、黒さがきわだって空のどの部分よりも黒々と見えるから不思議で、宮沢賢治も「銀河鉄道の夜」の中で、終着駅南十字の“サウザンクロス”の、あの世とこの世をわけるトンネルと見たてて登場させているくらいだ。

そんな影絵の中で最大スケールのものは、オーストラリアのアボリジニの人たちが見たてる珍鳥エミューの姿だろう。石炭袋などはその頭部にすぎないと見るのだからあきれさせられてしまうが、この影絵が頭上にかかるころ、地面にも注目したい。明るい天の川の輝きで、淡いながら自分の影ができていることにも気づかされるからである。星影というわけである。

エミューの影絵の見たて方

明るい南半球の天の川
魚眼レンズでとらえた全景で、暗黒部分が入り乱れているのがわかる。

感動の星空劇場

この半世紀、星空舞台に登場した主役たちをふりかえって

●天の南極の星のめぐり
日本からはお目にかかれない南十字星や大小マゼラン雲など、かって、北半球の天文ファンあこがれの的だった南半球の星空も、今やおなじみの星空となった。(オーストラリアのチロ天文台で)

1965年

昼間でも見えた池谷・関彗星

1965年の秋、静岡県の池谷薫さんと高知県の関勉さんの2人がほとんど同時に発見した新彗星で、太陽をかすめるような軌道をもつ彗星の群れ“クロイツ群”に属するものだった。10月21日の近日点通過時には、小口径の望遠鏡でも太陽のすぐ近くを高速で移動していくようすがわかり、その明るさは昼間でも見えるほどで、−8等級以上に達したとみられている。

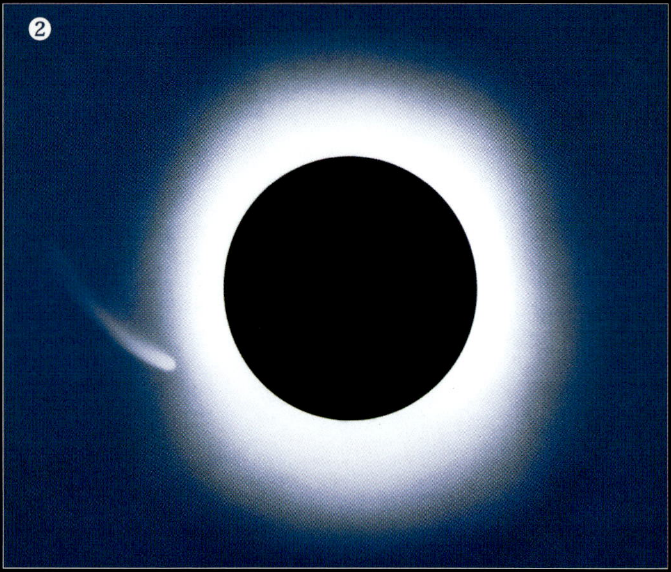

❶池谷・関彗星（1965 S1）
太陽に最接近した後、夜明け前の東天に長大な尾をたなびかせ、その見ごとさは当時の若い天文ファンたちを熱狂させ、以後、日本人の彗星探索者コメットハンターたちを続出させることとなった。
❷太陽をめぐる池谷・関彗星
太陽のすぐ近くをぐんぐん移動していくようすは、小さな望遠鏡でもよくわかり、人々を驚かせた。これは当時の乗鞍コロナ観測所のコロナグラフでとらえたもの。
❸発見者の1人関勉さん
その後、池谷さんも関さんも新彗星発見で大活躍されることになるが、この青い鏡筒の手作り望遠鏡で関さんは「池谷・関彗星」を発見されたのだった。（2010年写す）

華麗な大彗星たちの出現

毎年観測される彗星は、周期的に戻ってくるもの、新しくやってくるものなど、今や毎年数百個にものぼっている。しかし、その大半は望遠鏡でさえ見にくく、双眼鏡で見えるものが年に1個も現れれば上々といったところだろう。まして、長い尾を引いて肉眼で見えるものとなると、10年に1度あるかどうかといったところだ。そんな肉眼大彗星たちが20年間のうちに5個も出現した1956年から1976年にかけては、まさに大彗星の当たり年…いや、期間といっていいものだった。

①

③

②

❶アレンド・ロラン彗星（C/1956 R1）
彗星の尾は太陽の反対方向にのびて見えるのがふつうだが、この彗星は頭部から太陽方向へ鋭い針のようなアンチ・テイルが飛び出して見えるのが印象的だった。実際にははるか後方にのび、曲がった尾が頭に重なって見えた見かけ上のもの。1956年の夏にはムルコス彗星（C/1957 P1）も出現したが、第1発見者は日本人だった。
❷ベネット彗星（1969 V1）
20世紀に出現した彗星としては最も明るいもので、夜明け前の東天に－3等級の明るさで輝くように尾がのびているのが印象的だった。
❸ウエスト彗星（C/1975 V1）
分裂した頭部から大量のチリが放出され、扇のように幅広くのびる尾がかつての彗星には見られない華麗さだった。

1986年

76年ぶりに戻ってきたハレー彗星

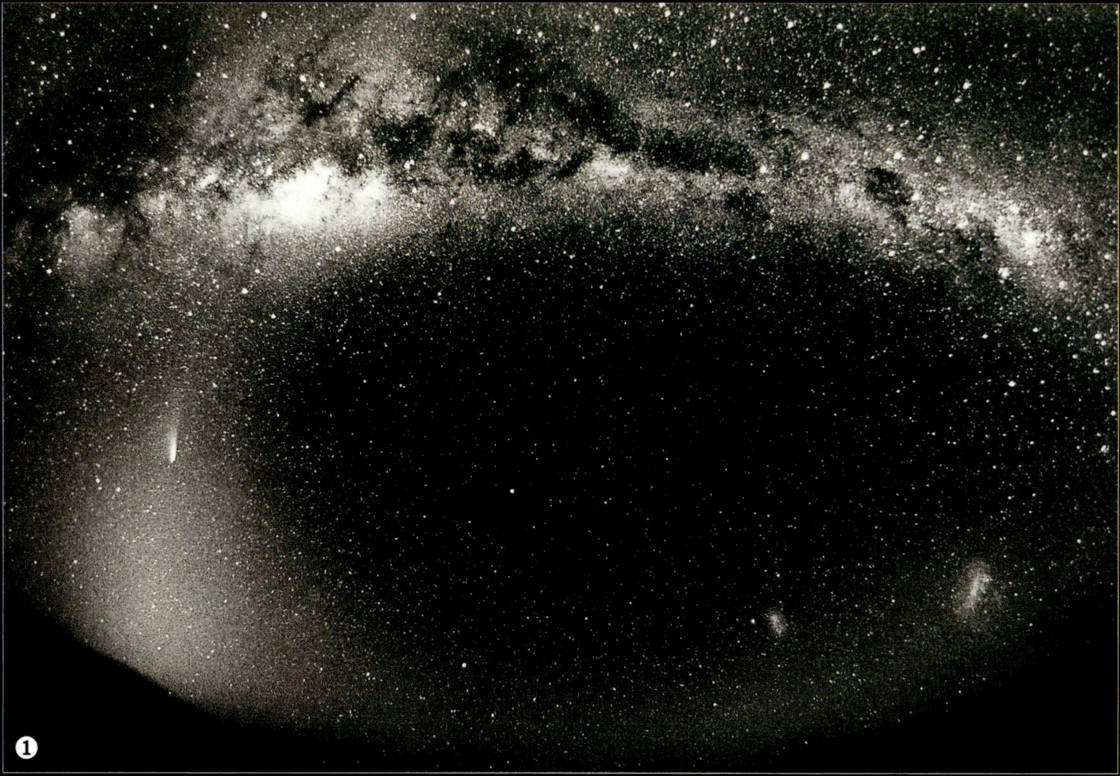
❶

誰もがその名を耳にしたことのある、いわば彗星の代名詞的存在が「1P/ハレー彗星」だ。76 年ごとの周期で登場して人々を驚かせ続けている天界の大スターともいえる彗星だが、76 年という人間にとっては長すぎる周期のため、その雄姿にお目にかかれるラッキーな人はそう多くはないかもしれない。事実、トム・ソーヤの冒険やハックルベリー・フィンの冒険を書いたアメリカの有名作家マーク・トウェインなどは、1835 年ハレー彗星が空にかかっているときに生まれ、1910 年に再びハレー彗星が戻ってきたとき、明るくなる前に亡くなった。2 度のチャンスがありながら結局 1 度もお目にかかれなかったというわけだ。

❷

❸

❶南半球の夜空に登場したハレー彗星
1986 年のハレー彗星は、地球との位置関係に恵まれず、明るさも 3 等級と暗めで、しかも日本から南に低くて見にくく、大勢の人々がオーストラリアなど南半球の国々へハレー彗星ツアーを組んで出かけることとなった。これは南天の天の川とともに見えたハレー彗星（左側で尾を引く彗星）と大小マゼラン雲などの姿をとらえたもの。

❷ハレー彗星の核
ヨーロッパのハレー探査機ジェットは、ハレー彗星の頭部に大接近、はじめてジャガイモのような核の姿をとらえることに成功した。

❸ハレー彗星の観望会
ハレー彗星ブームの熱狂に答えるべく、白河天体観測所ではハレー協会とともに 84cm の移動用チロ望遠鏡で全国ハレーキャラバンを行った。これは愛媛県の八幡浜会場でのようす。

大マゼラン雲に出現した肉眼超新星

超新星の出現は、毎年数百個が観測されているが、そのほとんどすべては、はるか遠方の銀河に現れるもので、たいていは 15 等星と暗いものが多い。そんなかすかさでは肉眼で見るのはとてもムリ、というわけで 1604 年に観測されたケプラーの新星以来、肉眼で見えるような明るい超新星の出現はなかった。ところが、それからざっと 400 年後の 1987 年になってそのチャンスがやってきた。南半球の夜空に浮かぶ雲のように見える大マゼラン雲に 2.9 等の肉眼超新星が出現したからだ。あいにく日本からは見ることができなかったが、この超新星から飛来したニュートリノは、岐阜県神岡鉱山跡の地下に設置された「カミオカンデ」でとらえられ、その功績によって小柴昌俊博士は、2002 年にノーベル物理学賞を授与されたのだった。

❶大マゼラン雲と超新星 1987A（矢印）
1987 年 5 月 3 日に撮影されたもので、発見から 2 か月経っていたが、このころ超新星が最も明るくなり、2.9 等の明るさで肉眼ではっきり見えた。

❷大マゼラン雲の超新星
1987A とウィルソン彗星　2.9 等の超新星はオレンジ色に輝き、双眼鏡ではタランチュラ星雲のすぐ近くに見えた。5 月 2 日～ 3 日には、折よく近くをウィルソン彗星が通りすぎて行った。

❸小柴昌俊博士
ノーベル物理学賞は、超新星出現から 14 年後に授与された。（1988 年写す）

1997年

ヘール・ボップ彗星とオーロラ

❶オーロラの中で輝くヘール・ボップ彗星
極北の空で乱舞するオーロラが見られるのも、彗星の尾がのびて見えるのも、ともに太陽から吹きつける太陽風のなせるわざだ。

明るくなる3年も前に見つかったヘール・ボップ彗星（C/1995 O1）は、順調に増光を続け、1997年春には街中の夜空でさえ見えるほどの明るさとなり、夕方の西天で人々の注目を集めることとなった。このころにはアラスカやカナダへ出かけてオーロラを見るツアーが大人気となっており、ヘール・ボップ彗星とオーロラを眺めるツアーも企画され人気を博した。

2001年

しし座流星雨の乱舞

❶

❷

雨あられと降りそそぐ流れ星によって夜空がおおいつくされる…そんな光景を目にしたいというのが天文ファンの夢だが、それに近い光景が 2001 年 11 月 18 日夜ふけから 19 日未明にかけ見られ、実現することとなった。およそ 33 年ごとに繰り返されてきた「しし座流星群」の流星雨が出現したからだ。その数、一晩におよそ 8000 個。ふつうの夜なら多くてもせいぜい数十個にもならないから、この流星数はケタはずれに多いもので、次から次へ出現する流星たちに日本中の天文ファンが歓声をあげ、見入ることとなった。

❸

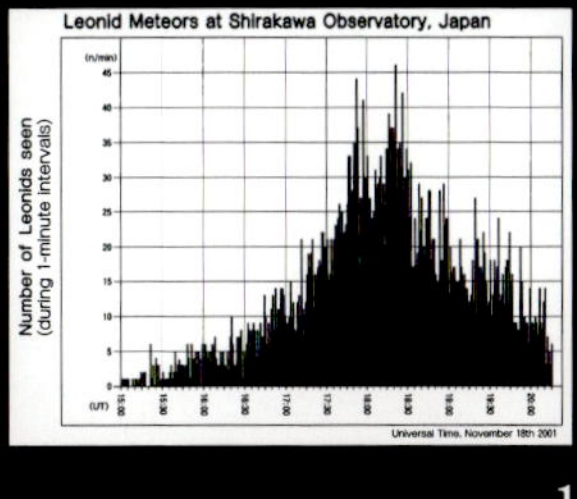

❶しし座流星雨
輻射点のあるしし座の頭部、“ししの大鎌”の中ほどから四方八方に流れ星が飛び出すように見え、その出現は一晩中続いた。

❷ 1966 年のしし座流星雨
アメリカで観察されたときのこの観測は最大規模のもので、1 時間になんと 15 万個に達したという。輻射点あたりに見える光点は、観測者に向かって飛んできて停止流星となって見えたもの。

❸しし座流星雨の出現数
白河天体観測所のメンバーおよそ 10 名によってグループカウントされたもので、ピークが 2 回ほどあったことがうかがえる。（2001 年 11 月 18 日～ 19 日）

2004年

130年ぶりの金星日面経過

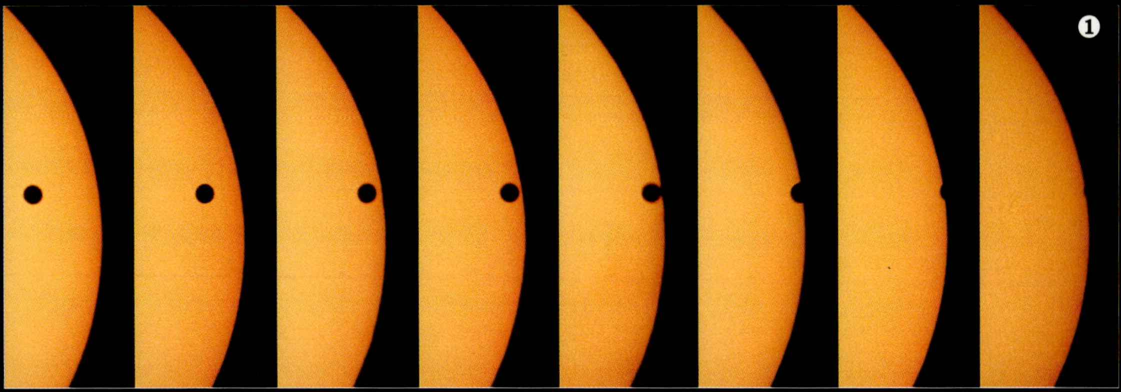

太陽系で地球の内側をまわる水星と金星は、地球から見ていると稀に太陽の前面を通りすぎていくことがある。一種の日食で、「日面経過」とか「太陽面通過」とよばれている。もちろん、水星も金星も月にくらべれば見かけの大きさがごくごく小さなものだから、望遠鏡でないと見ることができないので、日食ほどの話題にはならない。しかし、天文現象としては、はるかに珍しく、天文ファンが1度は目にしたいと願う天文現象のひとつである。とくに金星の日面経過は稀で、2012年のものを見のがすと、次は105年後の2117年になってしまう。

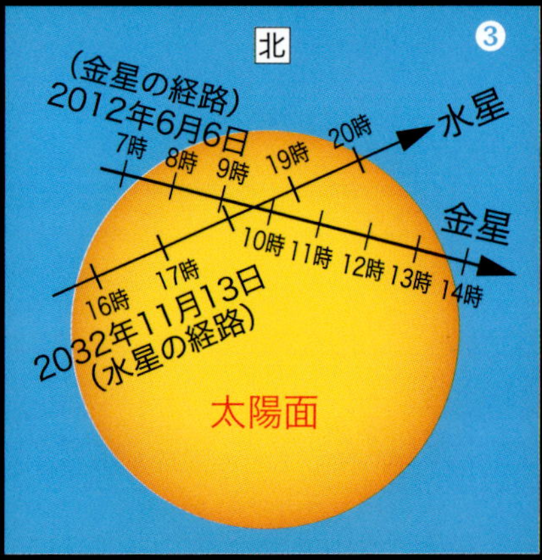

❶ **2004年6月8日の金星の日面経過**
日本ではじつに130年ぶりに見られたもので、思わず肩に力が入るほど興奮して見入ってしまった。なお、この日の太陽面には大きな黒点はみられなかった。

❷ **投影板上の金星の日面経過**
太陽像を見ることになるため、日食のときと同様に太陽投影板上に投影して見るのが安全。金星の夜の側を見ることになるため、金星の姿は真っ黒に見える。

❸ **これからの水星と金星の日面経過の予報**
日本で見えるものを示したもの。水星の太陽面通過の写真は29ページに示してある。

史上最大級のマックノート彗星

❶

明るく長い尾を引く彗星は、まっすぐのびる青いガスの尾とゆるやかにカーブするチリの尾の2本がのびて見えるのがふつうだが、肉眼ではチリの量の多い彗星ほど明るく派手に見え、天文ファンに歓迎される。それがどうなるのか予測はむずかしいところだが、2007年1月に出現したC/2006 P1マックノート彗星は予想をはるかにこえる大量のチリを放出、史上最大級の大彗星となって南半球の夕空に姿を見せてくれた。太陽に接近したころの頭部の明るさは−6等級にも達し、このときには日本でも昼間の青空の中で観測できたのだが、その後、これほどの大彗星となって見えるとは思いもかけぬことで、日本の多くの天文ファンが南半球へ出かけるのが間に合わなかったのが惜しまれた。

❷

❶夕焼け空に長大な尾をたなびかせるマックノート彗星
オーストラリアのチロ天文台の上空にかかる光景で目を見張るような大彗星の姿に圧倒されてしまった。
❷尾に浮かびあがるドームのシルエット
明るく幅広い尾は、彗星の頭部が地平線下へ沈んでからも見え、チロ天文台のドームのシルエットを浮かびあがらせてくれた。

＜1991年7月11日の皆既日食＞
メキシコのバハ・カリフォルニアの先端ラパスでとらえたもの。

串ダンゴ皆既日食

新月が太陽の前面を通りすぎると、太陽が欠けて見える日食となる。つまり、太陽と新月、それに地球が一直線にならんだときに日食が起こるわけだが、新月のたびにうまく太陽と重なるわけではなく、月はたいていは太陽の少し上側か下側にはずれて通りすぎていく。このため、毎月のように日食が起こるわけではなく、しかも、地球上のかぎられた場所でしか見られないので、部分日食でさえお目にかかれるチャンスが年に1回でもあればよい方ということになる。まして、皆既日食や金環日食は非常に稀で、日本で見られるものとしては、近いところでは2012年5月21日の金環日食と2035年9月2日の皆既日食がある。

＜日食観測歓迎の看板＞
世界中から駆けつける日食ツアー客は、どこでも観光の目玉イベントとなる。

さて、そんな日食で、太陽と月、それに地球が完全に一直線にならぶものがあるのかどうか、もの好きな天文ファンが調べたところ、過去4000年間、将来4000年間にわたって1度もないことがわかったという。そんな中で、1991年7月11日にメキシコのバハ・カリフォルニア半島で見られた皆既日食が、太陽中心、月中心、地球中心を一直線につらぬく串ダンゴのような日食として極めて珍しいものだったのだそうだ。快晴の空の下、7分間近い皆既日食にお目にかかれた白河天体観測所のメンバーたちは超ラッキーだったことになる。

星空の楽しみ方

肉眼・双眼鏡・望遠鏡・カメラで楽しむ星空ウオッチング

●東から昇るオリオン座の光跡
四季折々頭上にきらめく美しい星座たちの姿、ロマンあふれる宇宙散策への第一歩は無心に星空をあおぎ見ることから始まる。

星空ウォッチングの楽しみ方———肉眼編

星空ウォッチングは、澄み切った夜空を見あげ、星の輝きに包まれる幸せを味わうだけでも充分で、楽しみ方に特別なテクニックが必要なわけではないが、ちょっとした見方のコツがわかれば、より楽しさが深まることはたしかだ。その基本は道具なしの肉眼で見上げることで、きらめく星の輝きを目にしただけで心も癒されることだろう。

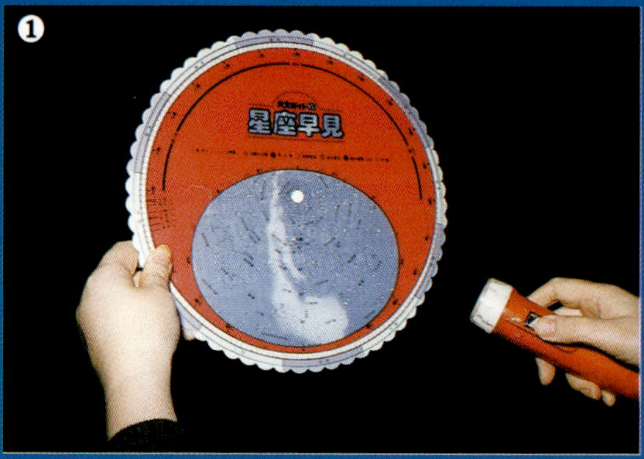

❶星座早見を用意しよう
星座を見つけるためのパソコン用のソフトも市販されているので、それを使えばいつでもどこでもどこの星空でも再現できて便利だが、道具立てらしいものが何もいらないという手軽さの点で簡単な星座早見を用意したいところだ。使い方のポイントは自分の立っている場所と星座早見の方位を一致させてから頭上にかざし星座さがしをすることだ。

❷目を暗やみに慣らそう
明るい室内からいきなり戸外に出て見あげても輝きは味わえない。星の光は明るくきらめいているように思えても淡いものにはちがいないからだ。目を暗やみによく慣らしたうえ、星座図などを見るときは、光を弱めるよう工夫した懐中電灯などを使うようにしたい。

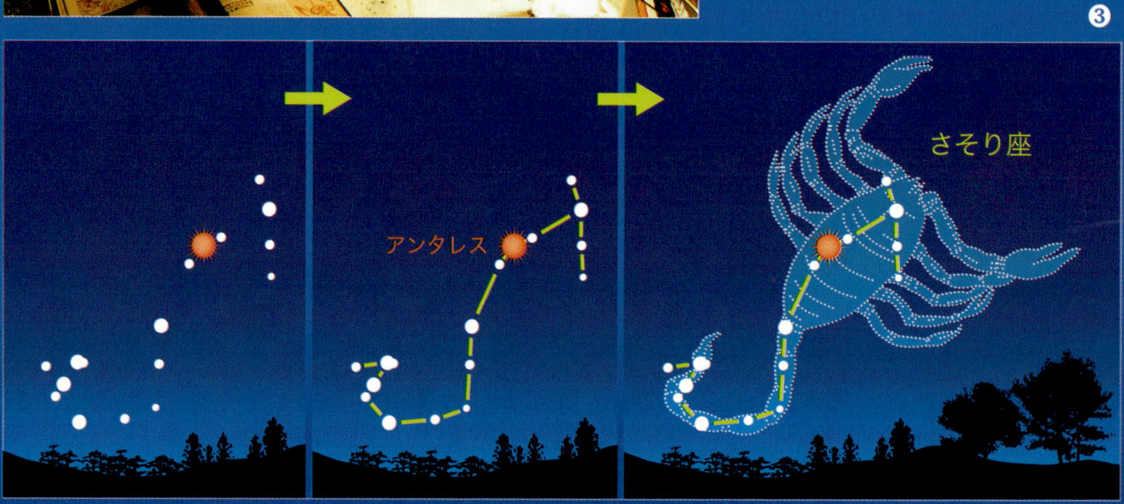

❸星座の見つけ方
まず、明るい星や目につく特徴のある星のならびをとらえ、星々を結びつけて星座の骨格をつかむようにする。そして、その骨格に星座の絵姿をふっくらと重ね合わせ、星座のイメージを描き出すのがよいだろう。星座の星の結びつけ方や星座の絵にきまったものがあるわけではないが、この本の 122 ページから 125 ページの四季の星座図には、星座名どおりの絵姿が思い浮かべやすいような結び方で示してある。

❹人工衛星の飛行
星座の中を明るい光点が音もなく動いていくのを目にすることがあり驚かされるが、点滅する赤い航空機などの場合をのぞき、それはたいてい人工衛星の場合が多い。中でも明るいのは「国際宇宙ステーション」で、金星くらいの明るさになっていることさえある。飛んでくる時刻や見える方向は JAXA のウェブサイト「国際宇宙ステーション」へアクセスすると知ることができる。

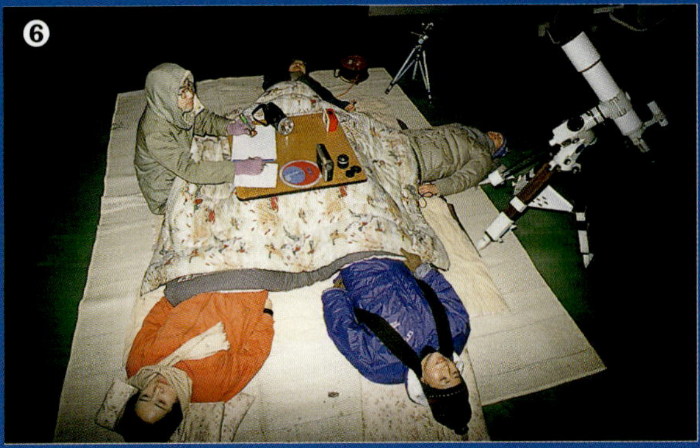

❺❻流星ウォッチング
ふだんの夜では、1時間に1～2個の流れ星が見られれば上々だが、流星群が活動する夜には数十個くらいのまとまった流星を目にすることができる。127ページの流星群の表の極大日前後の夜に注目してみたい。できれば数人のグループで放射線状に寝ころんで見あげると、空全体の流星をとらえることができたりして楽しめる。

双眼鏡も星空ウォッチングの強い味方

夜空がネオンや外光で明るい市街地では、小さな星は見つけにくいことがある。そんなときぜひ用意しておきたいのが双眼鏡だ。天体望遠鏡ほどには大げさでなく、手軽に星空のあちこちに向けられるので好都合だ。ふつうの風景を見るときのものがそのまま使えるので天体用にかぎったものを用意する必要もない。

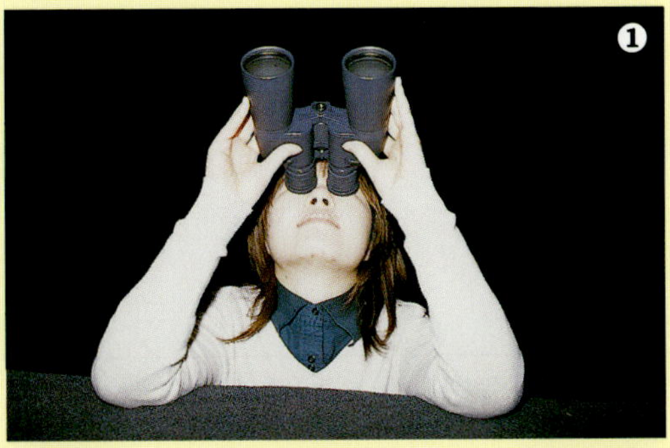

❶双眼鏡の見方
手で持っただけでは視野がゆれてやや見にくいので、写真のようにひじをついたり、しっかりしたものに固定するようにしたい。カメラの三脚などに取り付けられればベストだ。

❷観望の幅が広がる
倍率は5～7倍と低いが、それでも肉眼よりはっきり見えて、月のクレーターや木星の衛星、星雲・星団など、楽しめるものの数が大幅に増えることになる。

星空ウォッチングの楽しみ――天体望遠鏡編

天体の姿を拡大して見ることができるという点で、やはり天体望遠鏡があれば宇宙を見る楽しみは大きなものとなる。といっても、むやみに大型のものは扱いがむずかしいくなるので、自分の体力にあった大きさのものを選ぶようにしたいところだ。とくに戸外に持ち出してセッティングするタイプのものは、その点を望遠鏡選びの基準にされるのがよいだろう。

❶土星
天体望遠鏡にはレンズや反射鏡の口径が大きいほど像がより明るく鮮明に見えるという性質があるので、自分の扱える範囲で大きめの口径のものを手に入れられるとよい。倍率が気になるかもしれないが、倍率は焦点距離の短い接眼レンズを使うほど大きくなるので、望遠鏡選びの基準にはしなくてよいだろう。小さな口径でむやみに倍率を高くしても像は暗くなり不鮮明になるだけだからである。

❷月面のクレーター
天体望遠鏡でアップして見るときには、大気のゆれぐあいも気になる。気流の乱れが大きい晩には、まるで小川の流れの中の小石を見るように像がゆれ動いて見えないことが多いからだ。高倍率では気流の安定した好シーイングの晩にじっくり見るようにしたい。

❸天体写真の撮影
自分が望遠鏡をのぞくかわりに、デジタルカメラや携帯電話のカメラに望遠鏡をのぞかせて写すと月面など明るい天体の姿は簡単に写しとることができるので楽しい。

公開天文台やプラネタリウムへ出かけよう

現在、全国におよそ300館以上の科学館やプラネタリウム、公開天文台があって季節ごとのプラネタリウムの投影や天体の観望会を開催している。その予定などはホームページでもわかるので天体望遠鏡がない場合は公開天文台などへ足を運んで楽しむのもよいといえよう。専門家の解説付きで大型望遠鏡がのぞけるので、小さな望遠鏡のある人でもおすすめだ。

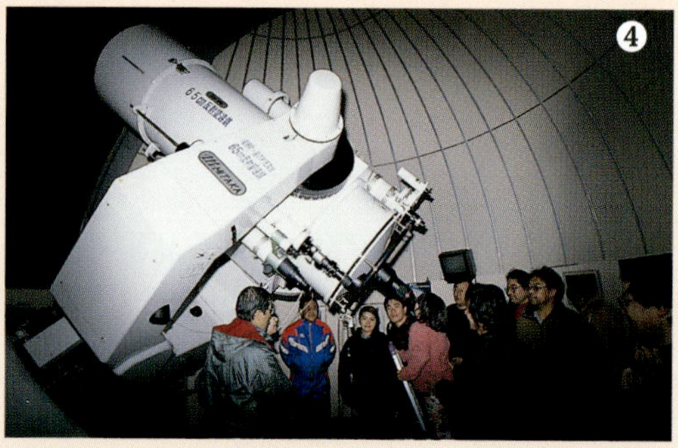

❹公開天文台の観望会

❺プラネタリウムの投影

天体望遠鏡のタイプ

天体望遠鏡は、基本的にはレンズや鏡面を取り付けた鏡筒とそれを支える架台とからなっている。このうち鏡筒は光学系によってちがいがあり、ここではそのうちの最もポピュラーなもの3タイプを図示してある。一方、架台には簡単な経緯台式のものと天体の追尾がしやすいモータードライブ付きの赤道儀、さらには天体を自動的に視野内に導入できるものなどがあり、その選択は望遠鏡ショップで直接実物を見たりテストさせてもらったりするか、メーカーのカタログ情報などで検討されるのがよいだろう。

●自動導入の架台
ファインダーなどを使えば天体が視野内に導入できるので、絶対に必要というわけのものでもないが、自動的に天体をとらえられるという点で便利といえる。ただし、原理をよく理解して使い慣れるようにするのがポイントとなる。

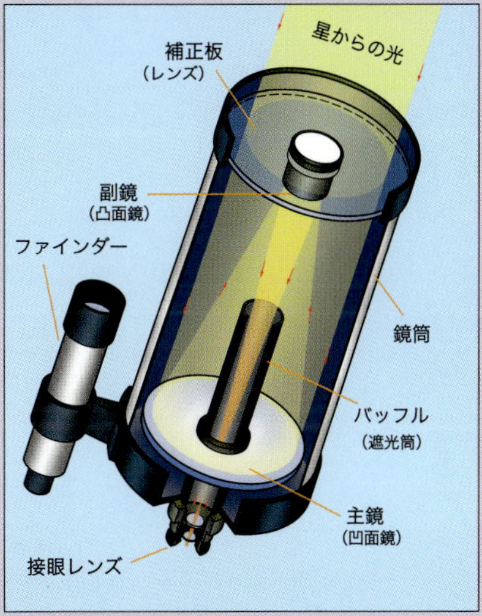

●シュミット・カセグレン
反射望遠鏡にレンズや補正板を組み合わせたタイプのもので「カタディオプトリック式」の望遠鏡ともよばれる。シュミ・カセと略称されるものもそのひとつで、口径が大きいわりに鏡筒が短く、持ち運びや都会の住宅のベランダなどで使うのに好都合といえよう。

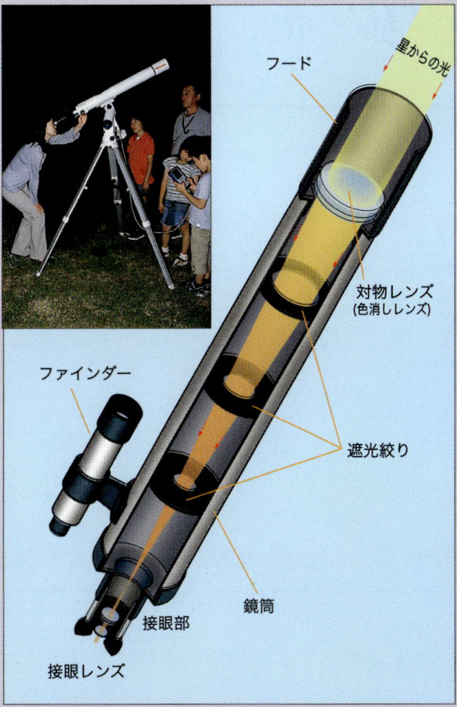

●屈折望遠鏡
対物レンズで集めた光を接眼レンズで拡大して見るもので、小型望遠鏡では最も一般的で使いやすい。口径6～10cm大のものが初心者にはよく、それより大きい口径のものは重量があり、高価になる。

●反射望遠鏡（ニュートン式）
反射凹面鏡で集めた光を拡大して見るもので、鏡筒の先端の接眼部でのぞくようにしたニュートン式のものが扱いやすい。口径20cm大のものが比較的安価で手に入る。移動式のものの場合、光軸をきちんと合わせるなどのチェックが必要なことがある。

夏の宵のころの北斗七星は、北西の空へ傾き、時間とともにさらに低く下がり、かわって北東の空からはカシオペヤ座のW字型が昇ってくるのがわかる。北斗七星もカシオペヤ座も、真北の方角の目じるし北極星を見つけるのに役立ってくれる星のならびで、北斗七星からの場合は、水をくむひしゃくの「ます」の先端側の2つの星を結んで、その間隔を5倍ほど延長していくと北極星にいきあたる。また、頭上近くに見える「夏の大三角」を、デネブとベガを底辺として北よりにひっくりかえすと、その頂点がちょうど北極星の位置になる。「夏の大三角」のうちベガは七夕の織女星、アルタイルは牽牛星としておなじみの星だ。

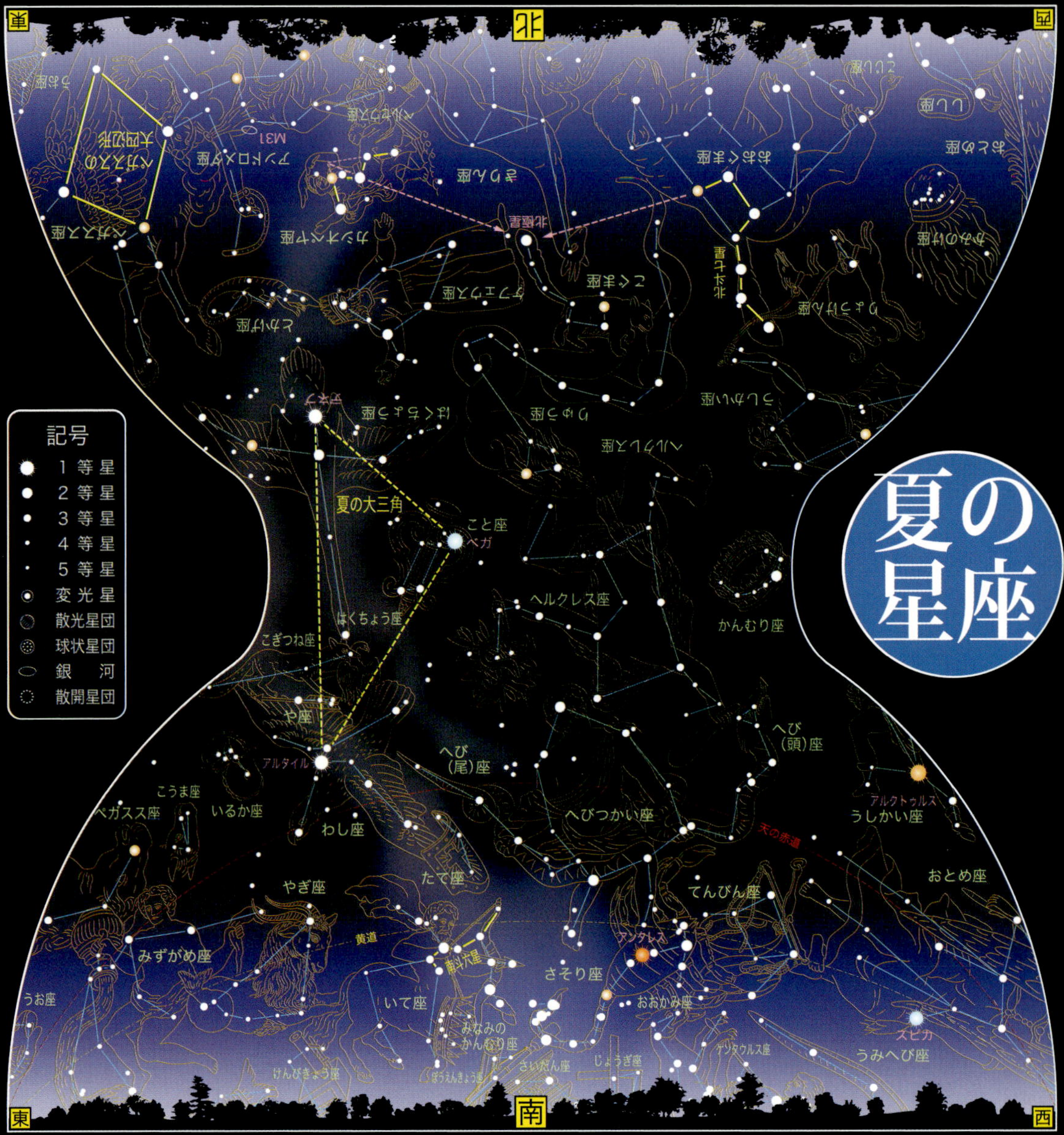

夜空の暗く澄んだ高原や海辺のような場所では、南の地平線上のいて座あたりでひときわ明るい天の川の光芒が肉眼でもはっきりわかり、頭上の「夏の大三角」あたりまで立ち昇る光景が圧巻。その南の地平線に低い天の川の西より側、つまり、右側よりには、さそり座の真っ赤な1等星アンタレスを中心に明るめの星がS字のカーブに連なっているのもよくわかる。いて座は、少し形のとらえにくい星座だが、天の川の中に北斗七星を小さくして伏せたような形の「南斗六星」を見つければ、星がたどりやすくなる。北斗七星の7個の星にくらべ1個少ないので、この名があるが、形も少し小さめとなっている。

秋の星座

秋の宵のころの北の空では、カシオペヤ座が、やや足の開いたM字形にかかって目を引いているが、このカシオペヤ座が、秋の星空でくりひろげられる古代エチオピア王家の星座神話劇の発端となった王妃の姿なので最初に注目してみたい。あとは物語の登場順に、ケフェウス王、アンドロメダ姫、天馬ペガスス、ペルセウス王子とたどり、南のお化けクジラへとたどっていくのがおすすめだ。つまり、秋の星空はたったひとつの星座神話から成り立っている絵巻物のような星空というわけである。注目の天体は、頭上高いアンドロメダ座の銀河M31で、肉眼でも存在がわかり、双眼鏡なら細長い光芒もよくわかる。

秋の宵の南の空では、みなみのうお座の1等星フォーマルハウトが低くぽつんと輝いているだけで、地上の秋景色に似て寂しげな印象を受けてしまう。ネオンや外灯で明るい市街地の夜空では星つぶばほとんど見えないようなことすらあるかもしれない。そんな中で、いくらか目につくのは、頭上高くかかる「ペガススの大四辺形」。「秋の四角形」ともよばれる4個の星のならびの各辺や対角線をあちこちに延長していくと、淡く見つけにくい秋の星座の位置が見当づけられる。くじら座の心臓の位置に輝く赤いミラは、332日の周期で明るさを変える変光星なので、6等以下に減光すると見えなくなる。

冬の夜空は、オリオン座など南の星空の方が圧倒的に明るく目を引くが、秋のなごりのカシオペヤ座のW字型やペルセウス座、アンドロメダ座などが西よりの空で見えているので、思いのほかにぎやかな星空となっている。頭上で目を引くのは、黄色味をおびた１等星カペラで、ぎょしゃ座の五角形の一角に輝くようすは、１等星としては最も北よりに位置する星として、ここ当分目を引き続けることになる。北の空では「北斗七星」がまっすぐ立ち上がるように昇りはじめ、時がたつとともに高くなり、真北の目じるしの「北極星」を見つけるのに役立ってくれる。

冬の星座

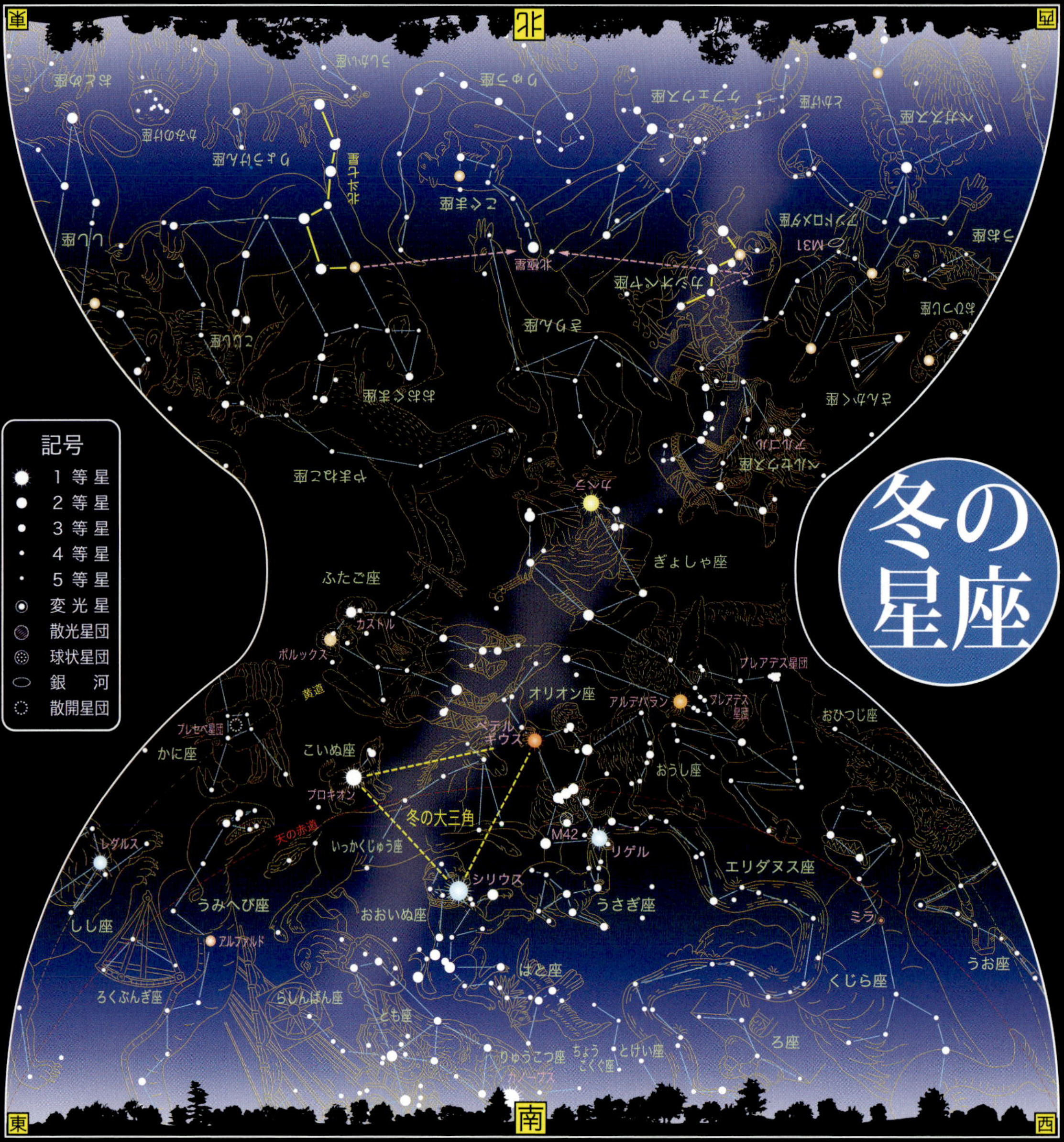

一年中で最も大気が澄みわたり、明るい星が多い冬の星空は、ふだん星の輝きにお目にかかりにくい都会の夜空でも星座ウォッチングが楽しめるのがうれしいところだ。南の空を見あげてまず目にとまるのは、全天一の輝星シリウスとプロキオン、オリオン座の肩さきにオレンジ色っぽく輝くベテルギウスの３個の１等星を結んでできる、逆三角形の「冬の大三角」だ。ひと目でわかるこの三角形の各辺をあちこちに延長してみると、おうし座のヒアデス星団やプレアデス星団（日本名では「すばる」）の星群やオリオンの大星雲 M42 などの天体のほか、冬の星座たちの位置の見当がつけられて好都合だ。

春の宵の北の空では、なんといっても頭上近くまで上りつめた「北斗七星」の星のならびが目につく。7個の星が水をくむひしゃく、あるいは料理のときに使うフライパンのようにならんだようすは市街地でもよくわかる。ただし、北斗七星はおおぐま座の胴体の一部と長い尾の部分の星のならびで、星座名ではないので、おおぐま座の姿をたどるときには、北斗七星から周辺の淡い星ぼしを結びつけ、北の空に逆さまにかかる大きな熊をイメージするようにしたい。星空を眺める上で北斗七星が大切なのは、先端の2つの星を結んで5倍延長すると真北の目じるし「北極星」が見つけ出せるからでもある。

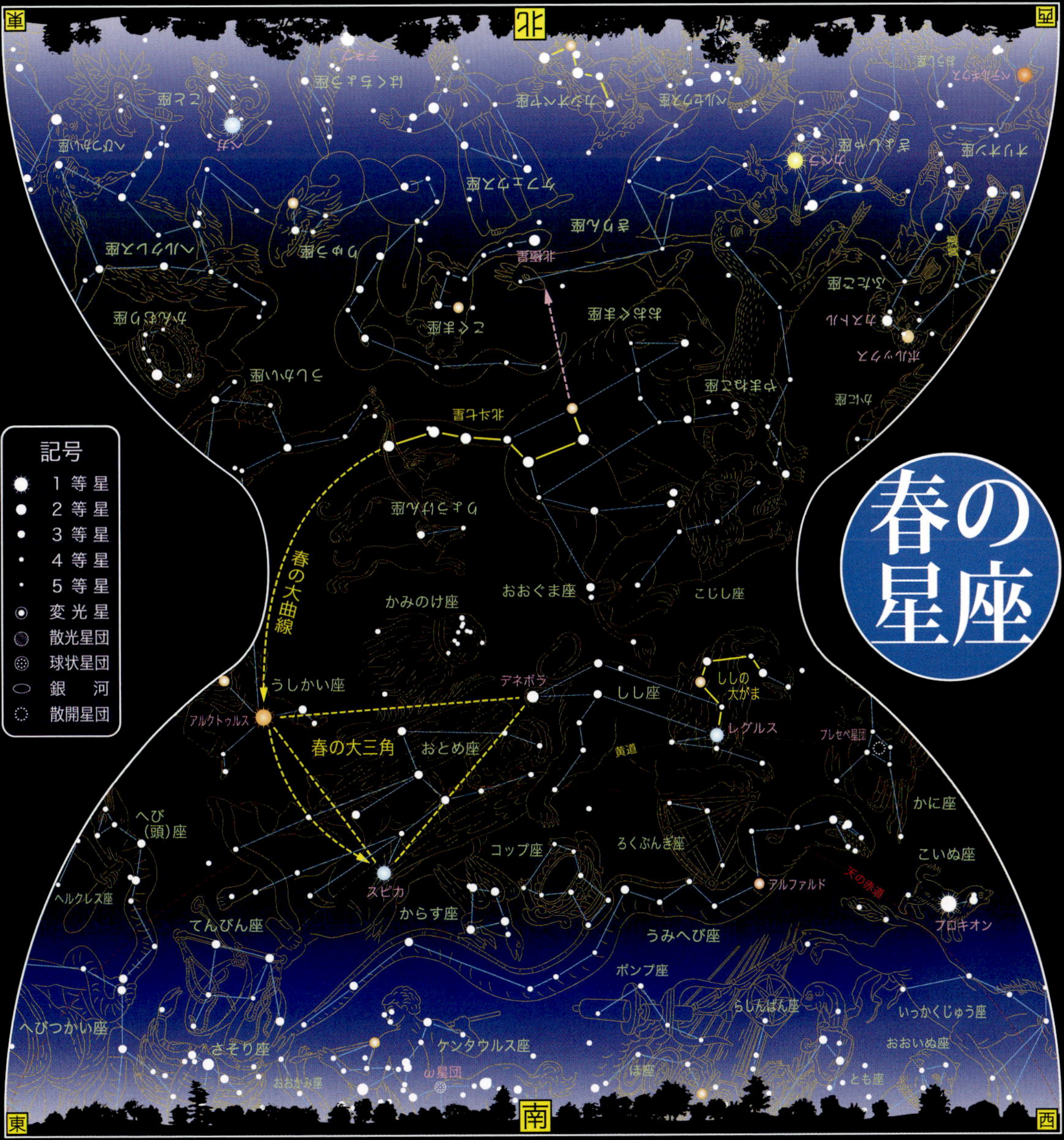

春の宵の空では、北の空高く昇った北斗七星のひしゃくの柄の、弓なりにそりかえったカーブをそのまま南に延長し、オレンジ色の1等星アルクトゥルスをへて、南の空の白色に輝くスピカへと届く「春の大曲線」の優雅なカーブをたどってから星座さがしを始めるのがよいだろう。春の主だった星座たちは春の大曲線沿いに見えているからだ。たとえば、春の大曲線をスピカを通りこしてさらに延長していくとからす座の小四辺形が見つかるというふうである。頭上近くでは、しし座の頭部を形づくる「?」マークを裏返しにしたような、草刈り鎌のような「ししの大がま」の星のならびもわかりやすいだろう。

天文現象カレンダー

これから肉眼や双眼鏡で楽しめる天文現象で、詳しい予報は地方によって異なるので毎年刊行される『天文年鑑』などを参考にされるとよい。

これから日本で見られる月食

年	月 日	種類	食分	欠け始め	終わり	見られる地域
2010年	6月26日	部分	0.542	19時16分	22時00分	全国
2010年	12月21日	皆既	1.261	15時32分	19時02分	全国で後半のみ
2011年	6月16日	皆既	1.705	3時23分	月没後	全国で前半のみ
2011年	12月10日～11日	皆既	1.110	21時45分	1時18分	全国
2012年	6月4日	部分	0.376	18時59分	21時07分	全国
2013年	4月26日	部分	0.021	4時52分	5時23分	全国
2014年	4月15日	皆既	1.296	14時58分	18時33分	全国で終わりのみ
2014年	10月8日	皆既	1.172	18時14分	21時35分	全国
2015年	4月4日	皆既	1.005	19時15分	22時45分	全国
2017年	8月8日	部分	0.252	2時22分	4時19分	全国
2018年	1月31日	皆既	1.321	20時08分	0時11分	全国
2018年	7月28日	皆既	1.614	3時24分	月没後	全国で前半のみ
2019年	7月17日	部分	0.658	5時01分	月没後	全国で前半のみ

食分（月の欠けた部分の割合を示す量）が1をこえるものが皆既月食となる。

満月が地球の本影の中に入りこんで欠けて見える部分月食と皆既月食のリストで、半影月食は含まれていない。月食の見え方の経過は地方によって高度にちがいがあるなど見え方が異るので、詳しくは毎年の天文年鑑などの予報によってほしい。

これから日本で見られる日食

年	月 日	最も大きく欠ける割合（食分）			見られる地域と状況
		札幌	東京	福岡	
2011年	6月2日	0.08	—	—	北海道・東北・北陸
2012年	5月21日	0.84	0.97	0.91	九州～関東では金環日食
2016年	3月9日	0.13	0.26	0.20	全国で見られる
2019年	1月6日	0.54	0.42	0.32	全国で部分日食
2019年	12月26日	0.26	0.39	0.34	関東より北では日没帯食※
2020年	6月21日	0.28	0.46	0.61	全国で部分日食
2023年	4月20日	—	—	—	九州～東海の南岸・沖縄で0.15%
2030年	6月1日	0.96	0.08	0.66	北海道では金環日食
2031年	5月21日	—	—	—	九州南部の地方
2032年	11月3日	0.63	0.51	0.50	関東から北で日没帯食※
2035年	9月2日	0.81	1.00	0.86	北陸から関東で皆既日食

日没帯食…欠けたまま西へしずんでしまう日食のこと。日入帯食ともいう。

皆既日食や金環日食は非常にめずらしいものだが、部分日食は見るチャンスが多い。欠ける割合を示す食分や時刻など、日食の見え方は各地によって大きくちがい、その詳しいデータは天文年鑑などに発表される。減光方法に注意して見るようにしたい。

これから見られるおもな惑星食（東京）

惑星	年	月日	潜入	出現	月齢	状況
金星	2012年	8月14日	2時45分	3時30分	25.6	明け方で最良
	2019年	8月1日	3時49分	4時39分	29.0	東京月の出　4時28分
	2021年	11月8日	13時48分	14時39分	3.3	昼間
火星	2019年	7月4日	15時05分	15時27分	1.5	昼間
	2022年	7月21日	23時35分	0時15分	22.5	広島以南では見られない
木星	2012年	7月15日	13時06分	14時04分	25.6	昼間
	2034年	10月26日	1時07分	2時04分	13.4	
	2037年	12月24日	19時50分	20時51分	17.5	
土星	2014年	9月28日	12時12分	13時34分	3.9	昼間
	2024年	7月25日	6時30分	7時24分	19.0	朝
	2024年	12月8日	18時19分	19時01分	7.1	青森以北は食にならない
	2025年	2月1日	—	—	2.6	宇都宮以南は食にならない

惑星が月にかくされる現象で、惑星は見かけの大きさがあるため恒星の星食とちがって潜入と出現に少し時間がかかる。

1 等星の食（東京）

星　名	年	月日	月齢	潜入（高度）	出現（高度）
スピカ	2013年	8月12日	5.5	18時48分（26）	19時25分（20°）
アルデバラン	2015年	7月13日	26.1	1時36分（-6°）	2時09分（0.3°）
アルデバラン	2015年	10月2日	19.2	20時34分（-2°）	21時17分（6°）
アルデバラン	2016年	2月16日	7.7	15時43分（47°）	16時58分（61°）
アルデバラン	2016年	5月8日	1.6	18時35分（17°）	19時29分（6°）
アルデバラン	2016年	9月22日	20.6	8時29分（30°）	9時19分（20°）
アルデバラン	2016年	11月16日	16.0	2時23分（60°）	3時27分（75°）
アルデバラン	2017年	1月10日	11.4	0時01分（46°）	1時09分（32°）
アルデバラン	2017年	4月1日	4.3	18時45分（44°）	19時53分（31°）
アルデバラン	2017年	5月26日	0.4	13時21分（64°）	13時40分（61°）
アルデバラン（札幌）	2017年	10月10日	19.5	3時08分（63°）	4時09分（59°）
レグルス	2017年	12月9日	20.5	8時39分（31°）	9時41分（19°）
アルデバラン（札幌）	2018年	1月27日	10.3	18時57分（62°）	19時43分（64°）
レグルス	2018年	2月2日	15.7	5時00分（32°）	5時22分（27°）

スピカはおとめ座の1.0等星、アルデバランはおうし座の0.8等星、レグルスはしし座の1.3等星。潜入と出現時の（高度）は月の高度を示す。一部札幌付近でのみ見えるものも含めてある。双眼鏡なら見やすい。昼間のものは望遠鏡なら見える。

明るい惑星のいる星座

火星			木星			土星		
接近する月日	星座	光度	衝になる月日	星座	光度	衝になる月日	星座	光度
2012年3月6日	しし座	-1.2等(小)	2010年9月22日	うお座	-2.9等	2011年4月5日	おとめ座	-0.4等
2014年4月22日	おとめ座	-1.4等	2011年10月29日	おひつじ座	-2.9等	2012年4月17日	おとめ座	-0.2等
2016年5月31日	てんびん座	-2.0等	2012年12月3日	おうし座	-2.8等	2013年4月29日	てんびん座	-0.1等
2018年7月31日	やぎ座	-2.8等(大)	2013年(衝なし)	おうし座	-2.7等	2014年5月11日	てんびん座	-0.1等
2020年10月6日	うお座	-2.6等	2014年1月6日	ふたご座	-2.7等	2015年5月23日	てんびん座	0.0等
2022年12月1日	おうし座	-1.8等	2015年2月7日	かに座	-2.6等	2016年6月3日	へびつかい座	0.0等
2025年1月12日	かに座	-1.4等	2016年3月9日	しし座	-2.5等	2017年6月15日	へびつかい座	0.0等(開)
2027年2月20日	しし座	-1.2等(小)	2017年4月8日	おとめ座	-2.5等	2018年6月27日	いて座	0.0等
2029年3月29日	おとめ座	-1.3等	2018年5月9日	てんびん座	-2.5等	2019年7月10	いて座	0.1等
2031年5月12日	てんびん座	-1.7等	2019年6月11日	へびつかい座	-2.6等	2020年7月21日	いて座	0.1等
2033年7月5日	いて座	-2.5等	2020年7月14日	いて座	-2.8等	2021年8月2日	やぎ座	0.2等
2035年9月11日	みずがめ座	-2.8等(大)	2021年8月20日	やぎ座	-2.9等	2022年8月15日	やぎ座	0.3等
2037年11月11日	おうし座	-2.1等	2022年9月27日	うお座	-2.9等	2023年8月28日	みずがめ座	0.4等

火星の（大）は地球への大接近、（小）は小接近。土星の（開）は環が最も大きく開いて見えるころ。衝のころは一晩中見える。へびつかい座とあるのはさそり座に近い。

おもな流星群

流星群の名前	出現期間	極大日	出現数	性質
四分儀座	1月1日～1月5日	1月4日	20個	4日の早朝に多い
こと座4月	4月16日～4月25日	4月22日ごろ	5個	ときどき活発に出現
みずがめ座エータ	5月初旬～5月中旬	5月6日	3個	明け方、輻射点が低い
みずがめ座デルタ南	7月中旬～8月中旬	7月29日ごろ	10個	南群と北群の輻射点がある
ペルセウス座	7月25日～8月23日	8月12日～13日	50個	活発、痕が残る
オリオン座	10月17日～10月26日	10月21日ごろ	10個	速い、痕が残る
おうし座南北	10月20日～11月25日	11月上旬	2個	明るい流星がある
しし座	11月14日～11月20日	11月18日～19日	10個	明るい、痕が残る
ふたご座	12月7日～12月18日	12月14日ごろ	30個	活発、速い
こぐま座	12月19日～12月24日	12月22日	3個	ゆっくり

極大日は出現数が最も多くなる日で、少しずれることもある。出現数は極大日のころ暗夜、1人で見える1時間あたりの流星数で、年によって多くなったり少なくなったりする。

著者紹介

藤井 旭（ふじい あきら）

1941年、山口県に生まれる。多摩美術大学を卒業後、星空のよく見える那須高原に星仲間と白河天体観測所をつくる。その後、オーストラリアにチロ天文台をつくり、日本では見えない南半球の星空観測にも取り組んでいる。国内外で撮影した天体写真は多くのファンを魅了し、国際的な天体写真家として知られている。天体関係の著書も多く、『星になったチロ』（ポプラ社）、『藤井旭の天文年鑑』（誠文堂新光社）などがある。

写真・資料提供

NASA/JPL/STScI/AAO/ROE/ESO/ESA/NOAO/AURA inc./NSF/WYN/USGS/SOHO/C&E フランス/CXC/SAO/Max Plank inc./M.J.Jee/L.Taylor/H.Ford/A.Caulet/J.Hester/C.Burrow/J.Morse/D.Figer/A.W.Parker/P.Scowen/L.Ferrarese/WWMAP Science Team/D.M.Images/D.F.Malin/HDT Team/AATB/Caltech/A.Fruchter/S.Brunie/ 村山定男/ 岡田好之/ 白河天体観測所/ チロ天文台/小石川正弘/ 仙台市天文台/ 富岡啓行/ こばやし将/ 塩野米松/ 五藤光学研究所/CG・加賀谷穣（KAGAYA スタジオ）/ 国立科学博物館/ 山田義弘/ 品川征志/ 星の村天文台/ 乗鞍コロナ観測所/ 富山市天文台

VISUAL SCIENCE
ビジュアルサイエンス

NDC 440

宇宙《うちゅう》のしくみ　星空《ほしぞら》が語《かた》る

2010年 6月 24日 発　行

著　者　藤井《ふじい》　旭《あきら》
発行者　小川雄一
発行所　株式会社　誠文堂新光社
〒113-0033　東京都文京区本郷 3-3-11
（編集）電話 03-5805-7765
（販売）電話 03-5800-5780
URL http://www.seibundo-shinkosha.net/

印　刷　株式会社大熊整美堂
製　本　株式会社ブロケード

INBN 978-4-416-21012-3